KB241850

건강 제철 밥상

건강 제철 밥상

지은이 송수미
펴낸이 임상진
펴낸곳 (주)넥서스

초판 1쇄 발행 2014년 5월 25일
초판 2쇄 발행 2014년 5월 30일

2판 1쇄 인쇄 2016년 11월 5일
2판 1쇄 발행 2016년 11월 10일

출판신고 1992년 4월 3일 제311-2002-2호
121-893 서울시 마포구 양화로 8길 24
Tel (02)330-5500 Fax (02)330-5555
ISBN 979-11-5752-956-8 13590

저자와 출판사의 허락 없이 내용의 일부를 인용하거나
발췌하는 것을 금합니다.

가격은 뒤표지에 있습니다.
잘못 만들어진 책은 구입처에서 바꾸어 드립니다.

*이 책은 『좋은 날 제철 음식』의 개정판입니다.

www.nexusbook.com
넥서스BOOKS는 넥서스의 실용 브랜드입니다.

먹으면 약이 되는 자연 밥상

건강 제철 밥상

오신채, 인공 조미료 없이 맛을 낸
건강한 우리집 채식 밥상

송수미 지음

넥서스BOOKS

prologue

2001년 10월 21일.

아이를 출산했다는 기쁨도 잠시, 태어나면서부터 심한 아토피를 앓았던 아들은 호흡 곤란이 올 정도로 증세가 악화되었다. 밤을 새우며 아이의 곁에서 힘든 시간을 보내던 나는 식생활 개선에 대한 중요성을 깨닫기 시작했다. 이때부터 먹거리, 주거 환경, 심지어 피부에 닿는 옷까지 여러 전문가의 도움을 받아 닥치는 대로 공부를 시작했다. 공부를 하면 할수록 몸의 해독이 건강의 핵심이라는 것을 알게 되었다.

인스턴트, 육식, 백색 탄수화물, 인공 첨가물 등으로 지친 내 몸을 어떻게 회복해야 할까? 제철 채소와 과일, 현미, 통밀, 단순 양념인 천일염, 조청, 참기름, 들기름, 올리브오일, 들깨가루, 통깨가 정답이었다. 식생활을 바꾸면서 나의 모유 수유는 변화하였고 이후 아이의 이유식 역시 남보다는 조금 늦지만 한 걸음 한 걸음 욕심을 버리고 진행했다. 해독 요법을 시작한 것이다.

해독 요법 초기에는 아들의 변화가 미비했는데, 그 때마다 음식으로 체질 개선을 하려는 나에게 따가운 눈총을 보냈다. 그들의 말도 틀리지는 않았지만, 나는 모래성을 빨리 쌓아 올리기보다는 조금 늦지만 튼튼한 성을 쌓아 올리기로 하였다. 그렇게 1년, 2년, 3년이 지나면서 아이와 나에게 눈에 띄는 변화가 보이기 시작하였다.

많은 사람이 좋은 먹거리가 무엇이며 어떻게 만들어야 하는지에 대한 고민을 많이 한다. 그러나 그 방법은 어렵지 않다. 그때그때 수확한 신선한 제철 재료를 사용하여 재료 본연의 맛을 살리는 최소한의 양념만으로도 맛과 건강 두 마리 토끼를 잡을 수 있다. 내가 선택한 것은 사찰 약선 음식이다. 오신채(파, 마늘, 부추, 달래, 흥거)와 인공 조미료, 고기, 어패류를 사용하지 않고도 맵고, 쓰고, 달고, 시고, 짜고, 싱거운 육미(六味)를 낼 수 있다.

이 책에서 소개하는 사찰 약선 음식으로 여러분도 건강한 삶을 영위하기를 간절히 소망한다.

송수미

한국의 대표적인 전통 음식을 맛있게 즐길 수 있도록 해 주셔서 감사합니다.

그리스 대통령 **카롤로스 파플리아스**

Μια φανταστιγ εξπροσωπτιγηνό της Κορεάτικη κινήσου μήτερ. Το δουμιεάτε!
Ευχαρίστω δυφέ
Κάρλοι Παπλίοι

그리스 대통령이 2013년 12월 한국 방문 시 '고상'에서 식사하고 방명록에 남긴 글입니다.

contents

PART 2 기운 돋는 여름 별미

PART 3 자연의 기운이 깃든 가을 향기

PART 4 채식으로 만든 겨울 보양식

재료
손질법

음식의 종류에 따라 재료 다듬는 방법은 달라진다.
모든 요리의 기본은 재료 손질이니
자주 사용하는 재료 손질법을 잘 익혀 요리를 하자.

다지기

채 썰기

어슷 썰기

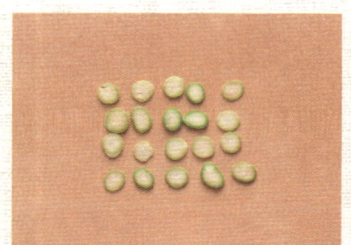

송송 썰기

깍둑 썰기

반달 썰기

모양대로 썰기

재료
100g
가늠하기

집에 계량 저울이 없다면 아래 방법을 이용해 대략적인 무게를 가늠해 보자.
몇 가지 방법만 알면 굳이 저울을 사용하지 않아도 눈짐작으로도 충분히 중량을 알 수 있다.

줄기 채소
엄지와 검지로 원을 만들어
쥐어지는 정도
예) 시금치, 미나리, 파슬리 등

긴 열매 채소 1/2조각
예) 가지, 호박, 오이 등

짧은 채소
두 손을 오목하게 해서 들어오는 정도
예) 콩나물, 숙주나물, 냉이, 쑥 등

둥근 열매 1/2조각
예) 사과, 배 등

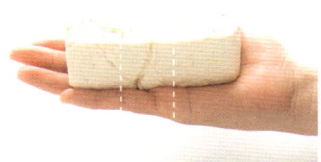

두부 1/3모

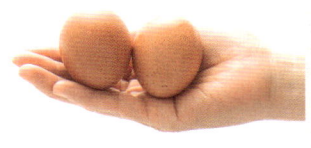

달걀 2개

계량
기준

다양한 재료를 계량할 수 있는 방법이다.
가루는 보통 계량스푼을 사용하고 액체는 계량컵을 사용한다.
계량스푼이나 계량컵이 없다면 집에 있는 수저나 종이컵을 사용해도 좋다.

가루류

1큰술 : 15ml(수저로 계량 시 볼록하게 담는 것이 1큰술)
1작은술 : 5ml(티스푼으로 계량 시 볼록하게 담는 것이 1작은술)

액체류

종이컵 기준 : 200ml(우유팩 1개, 일반 국자로 3국자)

장류

고추장, 된장, 청국장 같은 장류는 가득 담아 윗부분을 평평하게 깎아 계량한다.

알갱이류

아몬드, 호두, 콩 같은 알갱이는 공간 없이 꾹꾹 담아 윗부분을 평평하게 깎아 계량한다.

필수
조리
도구

구비하면 요리할 때 편리한 도구들이다.
다양한 재질의 조리 도구가 있는데
위생적이고 내산성, 내알칼리성, 내염성을 갖춘 스테인레스 재질을 추천한다.

| 계량스푼 | 국자 | 뒤집개 | 집게 |

| 감자깎기 | 거품기 | 강판 | 채소 탈수기 |

| 핸드 블렌더 | 블렌더 | 주서기 | 깨갈이 |

기본
양념

요즘에는 마트에서 다양한 양념을 구입할 수 있다.
바쁜 현대인들이 집에서 장류를 직접 만들어서 먹기는 쉽지 않지만
건강을 생각해서 된장, 고추장 등 기본 양념은 가급적 집에서 만들어 사용해 보자.

소금

천일염은 칼슘, 마그네슘, 아연, 칼륨, 무기질이 풍부하다. 간수를 제거하면 맛이 부드러워지며 배추, 무 절임, 간장, 메주를 담글 때 좋다.

구운 소금

천일염의 불순물을 제거한 뒤 200~500℃에서 1시간 정도 볶은 것으로 나물무침, 김구이 등에 사용한다.

간장

대두를 이용하여 만든 액상 조미료로 나물을 무칠 때 주로 사용한다.

국간장

메주를 소금에 담가 발효시켜 만든다. 2~5년 이상 묵은 간장을 사용하면 음식의 맛이 깊어진다.

된장

우수한 단백질 식품으로 20종 이상의 아미노산으로 구성되어 소화 흡수에 좋으며 국, 찌개, 나물 무침 등에 사용한다.

고추장

쌀가루와 고춧가루, 엿기름, 메주 가루 소금을 섞어 만든 발효식품으로 매운맛을 내는 캡사이신 성분이 있어 식욕을 돋운다.

조청

곡물을 엿기름에 삭혀서 조려 꿀처럼 만든다. 떡, 과자 등을 만들 때 꿀 대신 사용한다.

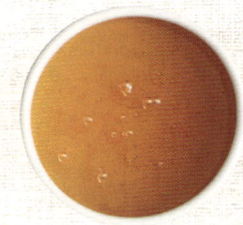

물엿

깊은 단맛을 원할 때 사용하는 재료로 요리에 첨가하면 은은한 단맛을 낼 수 있고, 음식에 윤기를 더한다.

꿀

약식, 다식 등을 만들 때 사용한다.

설탕

사탕수수에서 얻은 원당으로 만든 천연 양념으로 인공 조미료 대신 약간만 사용하여도 감칠맛이 난다.

고춧가루

비타민 A, C 가 풍부하고 음식의 색상을 낼 수 있으며, 저장용 반찬을 만들 때 좋다.

들깨가루

무침, 탕, 국 등에 사용하면 맛이 깊어진다.

참기름

공기와 햇빛에 노출을 피하고 바람이 잘 통하는 곳에서 보관하며 조리 시 마지막에 넣는다.

들기름

불포화 지방산이 많이 들어 있어 성인병 예방에 효과적이다. 묵은 나물을 볶을 때 사용하면 좋다.

통깨

참깨를 살짝 볶아서 만든 것이 통깨이다. 나물 무침에 사용하면 좋다.

유자청

유자를 설탕에 1:1.2 비율로 절여 만든 것으로 소스를 만들 때 사용한다.

매실청

매실을 설탕에 1:1 비율로 절여 만든 것으로 소스나 양념 고추장을 만들 때 사용한다.

기본 채수와
소스 만들기

모든 음식의 기본인 채수와 약방에 감초 역할을 하는 소스만 잘 만들어도 음식이 맛있어진다.
몇 가지 재료를 조합해 만드는 비법만 알면 어떤 요리에도 쉽게 사용할 수 있다.

다시마 우린 물
재료 다시마(가로 20×세로 20cm) 1장, 물 1ℓ
만드는 방법 냉장고에서 다시마를 물에 10시간 정도 우린 후 다시마는 건지고 물만 사용한다.

채수
재료 물 10컵, 다시마(가로 20×세로 20cm) 1장, 표고버섯 3개, 무 200g
만드는 방법
· 재료를 모두 넣어 끓인다.
· 다시마는 10분 후 건지고 40분 정도 약불에서 더 끓인다.

맛간장
재료 레몬 1개, 다시마(가로 20×세로 20cm) 1장, 간장 2컵, 청주 1컵, 물 2컵, 통후추 20개, 생강 1개, 양파 1개, 설탕 2큰술, 사과 1개, 청양고추 2개
만드는 방법
· 레몬을 제외한 모든 재료를 넣어 끓인다.
· 끓기 시작하면 10분 후 다시마는 건지고 30분 정도 상온에서 식혀 체에 거른다.
· 반으로 자른 레몬을 넣고 실온에서 10시간 정도 우려 면포에 거른다.
· 냉장고에서 보관하고 무침이나 조림 등에 사용한다.

고추기름
재료 식용유 280ml, 고춧가루 6큰술
만드는 방법
· 섞은 재료를 그릇에 담아 뚜껑을 닫은 후 캄캄하고 서늘한 곳에서 4~5일간 숙성시킨다.
· 거즈에 고춧가루를 거르고 기름만 사용한다.

깨 소스
재료 검은깨 2컵, 깨 1컵, 물 2/3컵, 식초 1큰술, 설탕 1/3작은술, 소금 1작은술, 배 1/4쪽
만드는 방법 재료를 모두 섞는다.

참깨 소스

재료 참깨 1큰술, 소금 1작은술, 간장 1 큰술, 설탕 1/2작은술, 레몬 효소 1작은 술, 탄산수 1큰술

만드는 방법 재료를 모두 섞는다.

배 더덕 소스

재료 배즙 3큰술, 설탕 1큰술, 식초 2큰 술, 레몬 효소 2큰술, 소금 1/2작은술, 연 겨자 1작은술, 갈아 놓은 더덕 1큰술

만드는 방법 재료를 모두 섞는다.

유자 간장 소스

재료 간장 2큰술, 식초 1작은술, 유자즙 2큰술, 소금 1/4작은술, 설탕 1/2작은술, 생강즙 1/4작은술

만드는 방법 재료를 모두 섞는다.

발사믹 소스

재료 발사믹식초 1큰술, 설탕 1작은술, 올리브오일 1큰술, 파슬리 가루 약간, 양 파 1과 1/2큰술(다져서 사용한다.)

만드는 방법 재료를 모두 섞는다.

양파 소스

재료 양파 1/3개(다져서 사용한다.), 레몬 즙 1/2개(즙을 내서 사용한다.), 올리브오 일 1/3컵, 파슬리 1/2작은술, 소금 1작은술

만드는 방법 재료를 모두 섞는다.

잣 소스

재료 잣 1컵, 물 1컵, 소금 1/5작은술

만드는 방법 재료를 모두 섞어 갈아 준다.

두부 마요네즈 소스

재료 두부 1/5모, 잣 소스 4큰술, 식초 1/2작은술, 소금 1과 1/2작은술

만드는 방법 물기를 짠 두부에 잣 소스, 식초, 소금을 넣어 믹서에서 갈아 준다.

매실 간장 소스

재료 간장 4큰술, 참기름 1과 1/2큰술, 매실청 1/2큰술, 매운 고추 1/2개(다져서 사용한다)

만드는 방법 재료를 모두 섞는다.

두유

재료 콩(검은콩, 흰콩) 3컵, 생수 1ℓ

만드는 방법
· 3컵의 콩을 손질해 8시간 정도 불린다.
· 불린 콩과 물 1ℓ를 냄비에 넣어 5분 은 센불, 5분은 약불에서 삶는다.
· 삶은 콩을 식힌 후 믹서기에 곱게 갈 아 베 보자기에서 콩국물만 거른다.
· 남은 건더기는 콩비지로 사용한다.

PART 1

신선한 봄날의 식탁

야채 샐러드

재료(2인 분량)

치커리, 적근대, 비트와 비타민 섞어서 2줌(약 120g), 알감자 7알, 깨 2큰술, 호두 3알

잣 소스

잣 1컵, 물 1컵, 소금 1/5작은술

두부 마요네즈 소스

두부 1/5모(60g), 잣 소스 4큰술, 식초 1/2작은술, 소금 1과 1/2작은술

양념

간장 1큰술, 청주 1큰술, 올리브오일 2작은술, 식초 1/2작은술, 설탕 1/2작은술

1. 모든 채소는 깨끗이 씻어 물기를 제거한다.
2. 두부 마요네즈 소스를 만든다.
   - 잣, 물, 소금을 넣고 믹서에 갈아 잣 소스를 만든다.
   - 물기를 짠 두부, 잣 소스, 식초, 소금을 넣고 믹서에 갈아 두부 마요네즈 소스를 만든다.
3. 알감자는 찐다.

4. 깨, 호두는 곱게 빻아 분량의 양념과 함께 섞는다.
5. 1에 4를 섞는다.
6. 접시에 양념에 버무린 모둠 채소와 알감자를 담고, 알감자 위에 두부 마요네즈 소스를 올린다.

✽ 마요네즈가 쓰게 느껴지면 설탕을 1/5작은술 정도 넣는다.

과일 발효청

재료(각 20인 분량)
사과, 레몬, 오렌지 각각 700g, 베이킹 소다 약간,
설탕 2.1kg(과일당 700g씩 사용)

1. 유리병을 뜨거운 물에 끓여 소독한 후 잘 말린다.

2. 사과, 레몬, 오렌지는 베이킹 소다로 깨끗하게 씻는다.

3. 각각의 재료는 씨를 빼고 넙적하게 썰어 준비한다.

4. 3의 사과를 1의 유리병에 넣고 사용할 설탕 700g 중 60% 정도
     만 넣어 잘 섞는다.

5. 나머지 설탕은 사과 한 켜, 설탕 한 켜씩 쌓고 맨 위에 5cm를 덮는다.

6. 곰팡이가 생기지 않게 무거운 것으로 눌러 준다.

7. 같은 방법으로 레몬과 오렌지도 준비한다.

8. 15일 후부터 매일 골고루 섞는다.

9. 1차 발효(6개월) 기간에는 서늘한 실내에서 보관한다.

10. 1차 발효가 끝나면 건더기를 걸러 내고 발효액은 다른 용기에
     담아 2차 발효를 시작한다.

11. 2차 발효도 6개월간 숙성한다. 발효가 끝나면 냉장 보관한다.

12. 2차 발효 후 물이나 탄산수를 1:3의 비율로 희석해서 마신다.

✽ 과일청은 따뜻한 물 혹은 찬물에서 음용하는 것이 좋다.

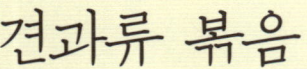

견과류 볶음

재료(30인 분량)
견과류 믹스 2컵(아몬드 슬라이스, 해바라기씨, 호박씨, 다진 피칸),
크랜베리 또는 건포도 50g, 식용유 50g, 꿀 40g, 황설탕 70g

1. 모든 재료를 잘 섞는다.

2. 베이킹 팬에 1을 넓적하게 펼쳐 175℃ 오븐에서 10분 정도 굽는다.

3. 10분 후 꺼내 골고루 섞는다.

4. 3을 160℃ 오븐에서 2차로 10분간 굽는다.

5. 취향에 따라 요구르트, 샐러드 등에 넣어 먹는다.

✽ 견과류는 피부 미용과 모발 건강에 특히 좋다. 참고로 견과류는
다른 음식의 냄새를 잘 흡수하므로 반드시 밀봉하여 보관한다.

두부장아찌

재료(10인 분량)
두부 한 모(부침용)

채수
물 10컵, 표고버섯 3개, 무 200g, 다시마(가로 20 × 세로 20cm) 1장

양념
간장 1과 1/2컵, 국간장 1/2컵, 채수 1/2컵

1. 두부를 끓여 베 보자기에서 물기를 흡수시킨다.
2. 채수 만들기
   • 분량의 채수 재료를 모두 넣어 끓인다.
   • 다시마는 10분 후 건지고 30분 정도 중불에서 더 끓인다.
3. **2**에 양념 재료를 넣어 끓인 후 식힌다.
4. **1**을 **3**에 넣고 냉장고에서 일주일 정도 숙성시킨다.
5. 숙성시킨 두부를 체에 내려 먹는다.

❀ 두부는 다른 식자재에 비해 수분이 많아 쉽게 상하지만 두부장 아찌는 냉장고에서 7일 정도 보관할 수 있다.

된장 냉이 무침

재료(4인 분량)
냉이 200g, 소금 1큰술, 된장 1큰술, 깨소금 1작은술

양념
설탕 1작은술, 다진 양파 1큰술, 다진 홍고추 1작은술, 참기름 1큰술, 소금 1큰술,
깨소금 1작은술

1. 냉이를 손질한다.
2. 끓는 물에 소금 1큰술을 넣고 냉이를 데친 후, 찬물에 재빨리
   헹구어 물기를 짠다.
3. 냉이 뿌리쪽을 십자 모양으로 4등분 해 먹기 좋게 자른다.
4. 된장에 양념 재료를 섞어 **3**의 냉이와 버무린다.
5. 마지막에 깨소금을 뿌린다.

✿ 냉이는 흐르는 물이 아닌 볼에 물을 받아 손질하는 것이 좋다.
뿌리의 흙은 완전히 털고 상태가 좋지 않은 잎은 떼어 낸다. 데친
후에는 흐르는 물에 두 번 정도 씻는다.

두부 샐러드

재료(2인 분량)
생두부 1/2모(150g), 오이 1/2개, 가지 1/2개, 파프리카(빨간색) 1/2개

유자청 소스
유자청 3큰술, 올리브오일 3작은술, 간장 3큰술, 레몬주스 3작은술,
소금 2/3작은술, 설탕 1작은술

1. 두부는 7cm 길이(두께 1 × 폭 1.5cm)로 자른다.
2. 오이, 가지는 7cm 길이(두께 0.2 × 폭 0.2cm)로 채 썰어, 오이는 소
   금을 살짝 뿌리고 가지는 팬에 굽는다.
3. 파프리카는 7cm 길이(두께 0.1 × 폭 0.1cm)로 채 썬다.
4. 유자청 소스를 만든다.
   • 유자청에 올리브오일을 넣고 믹서에서 살짝 간다.
   • 나머지 분량의 유자청 소스 재료를 모두 섞는다.
5. 접시에 두부, 가지, 두부, 파프리카, 두부, 오이 순서로 올리고
   유자청 소스를 곁들인다.

✽ 남은 두부는 두부 용기에 들어 있는 간수에 담아 보관한다. 만일
간수가 없다면 찬물에 소금을 넣어 보관하면 좋다.

소담미두

재료(1인 분량)
도토리묵 20g, 우엉(길이 20cm), 두부 60g, 단호박 약간, 소금 1/4작은술,
미나리 1줄기

❶ 소스
우엉 끓인 물 1컵, 간장 1큰술, 물엿 1큰술, 소금 1/4작은술

❷ 소스
고춧가루 3큰술, 물 2큰술, 간장 1큰술, 청양고추 1개, 배 1/5개, 물엿 2큰술,
설탕 1작은술

1. 도토리묵은 0.7cm 길이(두께 0.7 × 폭 0.7cm)로 준비해 상온에서
   반나절 정도 말린다.
2. 우엉 끓인 물을 만든다.
   • 우엉을 채 썰어 끓는 물 1 ℓ 에서 10~15분 정도 끓인다.
   • 끓으면 우엉을 건진다.
3. ❶ 소스 재료를 모두 섞어 끓인 후 1을 넣어 졸인다.
4. ❷ 소스 재료를 모두 섞어 졸인다.
5. 두부는 지름 5cm, 높이 2.5cm로 둥글게 자른 후 1.5cm 깊이
   로 십자 칼집을 넣고 소금으로 간을 해서 팬에 굽는다.
6. 4에 5를 넣고 졸인다.
7. 단호박은 0.3cm 길이(두께 0.3 × 폭 0.3cm)로 채 썰고 끓인 후 물기
   를 뺀다.
8. 1을 30분 정도 물에 불린 후 3에 넣고 졸인다.
9. 6의 두부조림 옆에 3의 도토리묵과 7의 단호박을 보기 좋게 세
   팅한다.
10. 미나리를 송송 썰어 두부조림 위에 올려 마무리한다.

✱ 도토리묵은 수분이 풍부해 적은 양을 먹어도 포만감을 느낄 수
있으며, 칼로리도 100g당 40kcal로 낮아 다이어트 식품으로 손꼽
한다.

유채나물

재료(4인 분량)
유채나물 200g, 소금 1큰술, 구운 소금 3작은술, 참기름 1과 1/2큰술, 깨소금 1큰술

1. 유채나물은 뿌리쪽 흙을 털어 깨끗하게 헹군다.
2. 끓는 물에 소금 1큰술을 넣고 손질한 유채나물을 데친 후, 찬물에 재빨리 헹구어 물기를 짠다.
3. 유채나물 뿌리쪽을 십자 모양으로 4등분 해 먹기 좋게 자른다.
4. 3에 구운 소금을 살짝 뿌린 후 무친다.
5. 4에 참기름을 넣어 무치고, 마지막에 깨소금을 뿌린다.

❀ 유채나물은 춘곤증에 효과적이며 항암 작용도 뛰어나다. 또한 몸의 부기를 가라앉히고 뭉치는 것을 풀어 주기도 한다.
❀ 유채나물은 봄에만 나오는 나물이므로 오래 보관하기 위해서는 데쳐서 물기를 꼭 짜서 냉동실에 보관하면 좋다.

시금치 된장 나물

재료(4인 분량)
시금치 200g, 소금 1큰술, 된장 1큰술, 참기름 2큰술, 깨소금 1큰술

양념
고춧가루 1/2큰술, 설탕 1/2큰술, 소금 1작은술

1. 시금치를 깨끗하게 헹군다.
2. 끓는 물에 소금 1큰술을 넣고 시금치를 데친 후, 찬물에 재빨리 헹구어 물기를 짠다.
3. 된장에 양념 재료를 섞어 2의 시금치와 버무린다.
4. 3에 참기름을 넣어 무치고 마지막에 깨소금을 뿌린다.

✽ 시금치는 줄기 부분을 십자 모양으로 잘라 이 부분부터 끓는 물에 넣어 살짝 데치고 찬물에서 재빨리 헹군다.
✽ 시금치는 일정 분량 데쳐 물기를 꼭 짜서 먹을 만큼씩 비닐팩에 넣어 냉장고에서 1~2일 정도 보관 가능하다.

매화전

재료(4인 분량)
찐 단호박 2큰술, 비트 즙 1큰술, 시금치 즙 1/2작은술 또는 녹차 가루 1큰술,
찹쌀가루 2컵, 소금 1큰술, 올리브오일 1큰술, 꿀 약간

1. 자연 색소를 위해 재료를 손질한다.
   - 노란색 - 씨와 껍질을 제거한 단호박을 찜통에서 찐다.
   - 빨간색 - 비트는 강판에 갈아서 즙을 낸다.
   - 초록색 - 시금치는 믹서에 넣고 갈아 즙을 짜거나 시판용 녹
     차 가루를 사용한다.
2. 찹쌀가루에 소금을 넣고 골고루 섞어 체에 내린다.
3. 2를 세 덩어리로 나눈 후, 1의 재료를 각각 섞는다.

4. 3의 반죽에 끓는 물을 1큰술씩 넣어 가며 반죽한다.
5. 반죽이 다 되면 지름 2cm 정도의 매화꽃 모양으로 빚는다.
6. 달군 팬에 올리브오일을 두르고 5를 앞뒤로 지진 후 그릇에 담
   고 꿀을 얹는다.

✽ 찹쌀가루는 쉽게 변질되므로 냉동실에서 보관한다.

콩나물밥

재료(4인 분량)
쌀 3컵, 콩나물 400g, 물 2와 1/2컵

채수
물 10컵, 표고버섯 3개, 무 200g, 다시마(가로 20 × 세로 20cm) 1장

양념장
간장 5큰술, 채수 5큰술, 고춧가루 2큰술, 다진 청고추 1큰술, 홍고추 1큰술,
깨소금 2큰술, 소금 1작은술, 송송 썬 미나리 2큰술

1. 쌀은 20분 정도 불려 물기를 뺀 후 물 2와 1/2컵을 넣는다.
2. 콩나물을 다듬는다.
3. 밥솥에 콩나물 200g을 깔고 1을 얹은 후 남은 콩나물 200g을 추가로 올린다.
4. 3을 센불에서 끓이다가 콩나물 냄새가 나기 시작하면 불을 약하게 줄여 뜸을 들인다.
5. 양념장에 넣을 채수를 만든다.
   • 재료를 모두 넣어 끓인다.
   • 다시마는 10분 후 건지고 40분 정도 약불에서 더 끓인다.
6. 양념장 재료를 잘 섞는다.
7. 밥에 양념장을 넣어 비벼 먹는다.

❀ 비닐팩에 콩나물이 잠길 정도로 물을 담고 콩나물을 넣어 냉장고에 넣어 두면 며칠 정도 싱싱하게 보관할 수 있다.
❀ 남은 채수는 냉장고에서 3일 정도 보관할 수 있다.

감자국수

재료(4인 분량)
감자 1개, 오이 1/3개

깨 소스
검은깨 2컵, 통깨 1컵, 물 2/3컵, 식초 1큰술, 설탕 1/3작은술, 소금 1작은술,
배 1/4쪽

1. 감자는 껍질을 벗긴 후 최대한 얇게 채 썰어 찬물에 담가 둔다.
2. 찬물을 여러 번 갈아주면서 감자 속의 전분을 뺀다.
3. 검은깨와 깨를 분쇄기에 넣어 최대한 곱게 갈아 준다.
4. 3에 나머지 깨 소스 재료를 넣고 다시 갈아 준다.
5. 볼에 1의 감자와 4의 소스를 넣는다.
6. 오이는 채 썬다.
7. 5 위에 채 썬 오이를 고명으로 올린다.

✽ 깨는 조리질하여 씻고 볶을 때는 넓은 팬에 타지 않게 계속 저어
준다. 냉동 보관한다.

죽순밥

재료(4인 분량)

다시마(가로 20 × 세로 20cm) 1장, 쌀 3컵, 죽순 1과 1/2개, 곤약 30g, 완두콩 1/2컵

채수

물 10컵, 표고버섯 3개, 무 200g, 다시마(가로 20 × 세로 20cm) 1장

양념장

채수 5큰술, 간장 5큰술, 설탕 1/2작은술, 참기름 2큰술, 깨소금 2큰술,
미나리 2큰술

1. 다시마 우린 물을 만든다.
   - 다시마를 준비한다.
   - 물 2컵에 다시마를 넣고 10시간 정도 냉장고에서 불린다.
2. 쌀은 20분 정도 불려 물기를 뺀 후 1의 다시마 우린 물 2컵과 물 1/2컵을 넣는다.
3. 죽순은 석회질을 깨끗이 제거한다.
4. 곤약은 끓는 물에 살짝 데친 후 깨끗하게 씻는다.
5. 3, 4를 먹기 좋은 크기로 자른 후 2위에 올려 밥을 짓는다.
6. 양념장에 넣을 채수를 만든다.
   - 재료를 모두 넣어 끓인다.
   - 다시마는 10분 후 건지고 40분 정도 약불에서 더 끓인다.
7. 양념장 재료는 모두 섞는다.
8. 5의 밥을 잘 섞은 후 양념장을 넣어 비벼 먹는다.

✽ 죽순은 섬유질이 풍부하여 우리 몸에 유익한 세균 번식을 도와 장을 튼튼하게 한다.

✽ 다시마 우린 물로 밥을 하면 묵은 쌀도 윤기 나고 기름진 느낌으로 먹을 수 있다.

치아씨드 아몬드 쿠키

재료(4인 분량)
치아씨드 1/4컵, 슬라이스 아몬드 2큰술, 해바라기씨 2큰술, 호박씨 2큰술,
크랜베리 3큰술, 소금 1/3작은술, 올리브오일 1큰술, 꿀 1큰술,
바닐라오일 1방울, 황설탕 1큰술

1. 재료를 모두 골고루 섞는다.
2. 1의 재료를 쿠키 모양으로 만든 뒤 120℃에서 7분간 굽는다.

✻ 슈퍼푸드로 각광받는 치아씨드는 오메가3가 풍부하여 심장 질
환 예방에 효과적이고 다이어트 식품으로도 좋다.

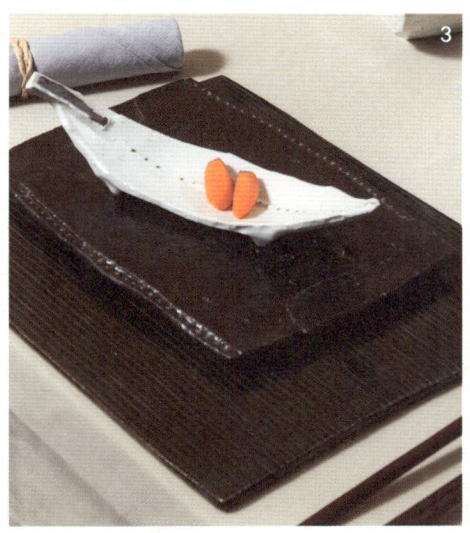 

만물이 소생하는 파릇파릇한 봄. 오래간만에 지인들과 함께 식사를 하기로 했어요.
손님상을 차리는 것이 부담인 분들이 많으시죠?
손님상을 차리는 내가 즐거워야 초대 받은 손님들도 즐거운 법이잖아요.
간단한 팁 몇 가지를 드릴 테니 쉽고 즐겁게 집에서도 활용해 보세요.

1, 2 테이블에 꽃을 장식하는 것도 좋지만 꽃 대신 쌈채소를 이용한다면 더욱 풍성한 상차림이 됩니다.
3 판접시 몇 개를 겹쳐서 세팅하면 좀 더 고급스러워 보입니다.
4 야채를 찍어 먹는 장을 넣은 종지를 줄 맞춰 귀엽게 연출해 보세요.

PART 2

기운 돋는 여름 별미

토마토 샐러드

재료(1인 분량)
토마토 1개, 파프리카(노랑, 주황, 초록) 각 1/5개, 어린 싹 한 줌

발사믹 소스
발사믹 식초 2큰술, 설탕 1작은술, 올리브오일 2큰술, 소금 1/2작은술

1. 토마토는 꼭지 쪽으로 1cm 정도 잘라 뚜껑으로 사용한다.
2. 티스푼으로 1의 토마토 속을 깨끗이 파내고 파낸 속은 잘게 다진다.
3. 파프리카는 3cm 길이(두께 0.3 × 0.3cm)로 자른다.
4. 2의 파낸 토마토 속과 3, 발사믹 소스 재료를 모두 섞는다.
5. 속을 파낸 토마토에 4를 넣고 잘라 낸 토마토 뚜껑을 닫는다.
6. 그릇에 토마토를 담고 옆에 어린 싹을 곁들인다.

❀ 토마토에 들어 있는 리코펜 성분은 익혀야 효과가 배가된다. 가열하면 체내 흡수율을 높여 주기 때문에 파스타, 피자, 조림 등에 적극 사용해 보자. 리코펜을 기름과 함께 섭취하면 체내 흡수율이 약 4배 높아진다.

❀ 식재료 속을 파서 그릇처럼 사용해 보자. 유자를 파서 굴을 넣거나, 파인애플을 파서 볶음밥을 넣어도 잘 어울린다.

두부 토마토 샐러드

재료(2인 분량)
두부 1/2모(약 250g), 방울토마토 5알, 소금 1큰술, 브로콜리 1/2송이

레몬 효소
레몬 700g, 베이킹소다 약간, 설탕 700g

참깨 소스
참깨 1큰술, 소금 1작은술, 간장 1큰술, 설탕 1/2작은술, 레몬 효소 1작은술, 탄산수 1큰술

1. 두부는 1.5cm 길이(두께 1.5 × 1.5cm)로 손질한다.
2. 방울토마토는 1/2 크기로 자른다.
3. 끓는 물에 소금 1큰술을 넣고 브로콜리를 데친 후, 찬물에 재빨리 헹구어 물기를 짠다.
4. 레몬 효소를 만든다.
   • 유리병은 뜨거운 물에 살짝 끓여 소독한 후 잘 말린다.
   • 레몬은 베이킹 소다로 깨끗하게 씻는다.
   • 씨를 빼고 넙적하게 썰어 준비한다.
   • 레몬을 유리병에 넣고 사용할 설탕 700g 중 60% 정도만 넣어 잘 섞는다.
   • 나머지 설탕은 사과 한 켜, 설탕 한 켜 쌓고 맨 위에 설탕 5cm를 덮는다.
   • 곰팡이가 생기지 않게 무거운 것으로 눌러 준다.
   • 15일 후부터 매일 골고루 섞는다.
   • 1차 발효(6개월)기간에는 서늘한 실내에서 보관한다.
   • 1차 발효가 끝나면 건더기를 걸러 내고 발효액은 다른 용기에 담아 2차 발효를 시작한다.
   • 2차 발효도 6개월 숙성한다. 발효가 끝나면 냉장 보관한다.
5. 참깨는 곱게 갈고 나머지 참깨 소스 재료를 섞어 준비한다.
6. 1~3의 재료에 참깨 소스를 넣어 마무리한다.

✽ 깨를 금속에 갈면 쓴맛이 날 수 있으므로 플라스틱이나 도자기 절구에서 가는 것이 좋다.

배추전

재료(2인 분량)
배추 잎 5장, 밀가루 6큰술, 물 2/3컵, 올리브오일 1/2컵, 소금 1/2큰술

1. 배추 잎의 줄기 부분은 손으로 살살 눌러 부드럽게 만든다.
2. 밀가루 4큰술에 물을 잘 섞는다.
3. 나머지 밀가루는 배추 잎에 살살 뿌려준 후 **2**를 얇게 입힌다.
4. 팬에 올리브오일을 두른 후 배추 잎을 노릇노릇하게 지진다.

✽ 배추는 무게가 3~4kg이 적당하며 줄기 부분이 두껍지 않은 것이 좋다. 또한 뿌리가 단단하며 뿌리의 크기가 작은 것을 고른다.

숙주나물 볶음

재료(4인 분량)
숙주나물 200g, 올리브오일 1큰술, 구운 소금 2/3큰술, 맛간장 1/2큰술,
들기름 1큰술, 깨소금 1작은술, 실고추 약간

맛간장
레몬 1개, 다시마(가로 20 × 세로 20cm) 1장, 간장 2컵, 청주 1컵, 물 2컵, 통후추
20개, 생강 1개, 양파 1개, 설탕 2큰술, 사과 1개, 청양고추 2개

1. 숙주나물을 잘 손질한다.

2. 달군 팬에 올리브오일을 두르고 숙주나물을 넣어 서너 번 뒤적
   인다.

3. 2에 구운 소금을 골고루 뿌린다.

4. 양념에 넣을 맛간장을 만든다.

   • 레몬을 제외한 재료를 모두 넣어 끓인다.

   • 끓기 시작하면 10분 후 다시마는 건지고 30분 정도 상온에
     서 식혀 체에 거른다.

   • 반으로 자른 레몬을 다시마 끓인 물에 넣고 실온에서 10시간
     정도 식힌 면포에 거른다.

5. 3의 숙주나물에 맛간장으로 간을 한다.

6. 들기름을 두른 후 5의 숙주나물을 약불에서 살짝 볶는다.

7. 6에 깨소금을 살살 뿌린 후 실고추를 올린다.

❋ 숙주는 해독, 해열 작용이 뛰어나며 비타민 A, B, C가 다량으로
들어 있어 피로 해소에 좋다.

❋ 비닐팩에 숙주가 잠길 정도로 물을 담고 숙주를 넣어 냉장고에
넣어 두면 며칠 정도 싱싱하게 보관할 수 있다.

가지 무침

재료(2인 분량)
가지 2개, 깨소금 3작은술

맛간장
레몬 1개, 다시마(가로 20 × 세로 20cm) 1장, 간장 2컵, 청주 1컵, 물 2컵, 통후추 20개, 생강 1개, 양파 1개, 설탕 2큰술, 사과 1개, 청양고추 2개

양념
다진 홍고추 1/2큰술, 맛간장 2큰술, 참기름 3작은술, 소금 1작은술, 설탕 1작은술

1. 찜통에서 가지를 15분 정도 찐다.
2. 찐 가지를 먹기 좋은 크기로 찢는다.
3. 양념에 넣을 맛간장을 만든다.
   - 레몬을 제외한 재료를 모두 넣어 끓인다.
   - 끓기 시작하면 10분 후 다시마는 건지고 30분 정도 상온에서 식혀 체에 거른다.
   - 반으로 자른 레몬을 다시마 끓인 물에 넣고 실온에서 10시간 정도 식힌 후 면포에 거른다.
   - 냉장고에서 보관하고 무침이나 조림 등에 사용한다.
4. 2에 양념 재료를 섞어 조물조물 무친다.
5. 깨소금을 뿌려 마무리한다.

❋ 가지에는 시력을 보호하는 안토시안 성분이 들어 있고, 비타민 도 많아 피로 회복에 좋다.
❋ 가지는 상온에서 보관해야 한다.
❋ 맛간장은 냉장 보관하고 무침이나 조림 등에 사용한다.

팽이버섯 절임

재료(20인 분량)
당근 1/3개, 팽이버섯 1팩(약 150g), 간장 1/3컵, 청주 1큰술

채수
물 10컵, 표고버섯 3개, 무 200g, 다시마(가로 20 × 세로 20cm) 1장

1. 당근은 팽이버섯 굵기로 채 썬다.
2. 팽이버섯은 밑동을 자른다.
3. 끓는 물에 당근을 2분 정도 데친 후 물기를 짠다.
4. 끓는 물에 팽이버섯을 살짝 데친 후 물기를 짠다.
5. 채수를 만든다.
   • 재료를 모두 넣어 끓인다.
   • 다시마는 10분 후 건지고 40분 정도 약불에서 더 끓인다.
6. 채수 1/2컵에 간장을 넣고 끓이다가 청주를 넣고 약불에서 다시 끓인다.
7. 식힌 6에 당근, 팽이버섯을 넣고 1시간 정도 지난 후 먹는다.

✿ 팽이버섯은 흰색이고 갓이 적으며 가지런한 모양이 좋다. 포장을 뜯지 않고 신문지에 싸서 습기 없이 보관한다.

비빔 곤약

재료(2인 분량)
곤약 1/2모, 배 1/3개, 오이 1/2개, 깻잎 3장, 홍고추 약간, 구운 김 1장

채수
물 10컵, 표고버섯 3개, 무 200g, 다시마(가로 20 × 세로 20cm) 1장

소스
고추장 1/2컵, 식초 2큰술, 설탕 3큰술, 매실액 2큰술, 배즙 2큰술

1. 소스 재료를 모두 섞은 후 냉장고에서 1~2일 동안 숙성시킨다.

2. 곤약은 끓는 물에 살짝 데친 후 찬물에 헹군다.

3. 곤약은 7cm 길이(두께 0.3 × 폭 0.3cm)로 썬다.

4. 배, 오이, 깻잎은 채를 썰어 고명으로 준비한다.

5. 채수를 만든다.

   • 재료를 모두 넣어 끓인다.

   • 다시마는 10분 후 건지고 40분 정도 약불에서 더 끓인다.

6. 우묵한 그릇에 3을 담고 고명을 올린 후 채수 1컵을 붓는다.

7. 홍고추를 채 썬다.

8. 위생 비닐 봉지에 김을 넣고 입구를 묶어 손으로 비벼 김가루를 만든다.

9. 6에 7, 8을 고명으로 올린다.

❁ 냉장고에서 3일 정도 보관할 수 있으니 채수는 여유 있게 만든다.

곤약 구이

재료(1인 분량)
곤약 1/5모, 소금 약간, 청경채 2뿌리, 다진 홍고추 1작은술, 다진 청고추 1작은술, 전분 약간

채수
물 10컵, 표고버섯 3개, 무 200g, 다시마(가로 20 × 세로 20cm) 1장

간장 소스
간장 1큰술, 채수 1컵, 설탕 1/3작은술, 소금 1/2작은술

1. 곤약은 8cm 길이(두께 0.7 × 폭 3cm)로 자르고 한쪽 면에 사선으로 칼집을 넣은 후 끓는 물에 살짝 데쳐 찬물에서 헹군다.

2. 달군 팬에 곤약을 굽는다. 이때 소금을 살짝 뿌려 간을 한다.

3. 청경채는 끓는 물에 소금을 넣은 후 살짝 데친다.

4. 채수를 만든다.
   • 재료를 모두 넣어 끓인다.
   • 다시마는 10분 후 건지고 40분 정도 약불에서 더 끓인다.

5. 4에 간장 소스 재료를 넣은 후 끓인다.

6. 5에 다진 홍고추, 청고추를 넣는다.

7. 6에 티스푼으로 전분을 조금씩 넣어 가면 농도를 맞춰 간장 소스를 만든다.

8. 접시 위에 곤약을 올리고 간장 소스와 청경채를 곁들인다.

✽ 곤약은 물로 가볍게 씻어 알맞은 크기로 자른 후 끓는 물에 청주, 소금을 약간 넣고 2~3분 정도 가볍게 데친다. 데친 후 찬물에 씻어 준다. 냉장 보관하면 3일 정도 먹을 수 있다.

구운 가지와 곤약 조림

재료(1인 분량)

가지 1/2개, 곤약 1/3모, 숙주 100g, 올리브오일 1큰술, 구운 소금 1/3큰술, 들기름 1/3큰술, 깨소금 1/2작은술

채수

물 10컵, 표고버섯 3개, 무 200g, 다시마(가로 20 × 세로 20cm) 1장

가지 소스

간장 1큰술, 채수 2큰술, 설탕 1큰술

곤약 소스

간장 1큰술, 채수 2큰술, 설탕 1큰술, 물엿 1/2큰술

I. 가지는 10cm 길이(두께 1cm)로 잘라 180℃ 오븐에서 굽는다.

2. 채수를 만든다.

　• 재료를 모두 넣어 끓인다.

　• 다시마는 10분 후 건지고 40분 정도 약불에서 더 끓인다.

3. 가지 소스 재료를 모두 섞어 구운 가지에 부어 살짝 졸인다.

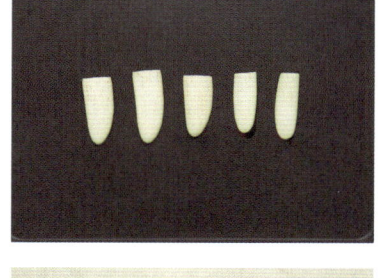

4. 곤약은 10cm 길이(두께 0.2 × 폭 0.2cm)로 썰어 뜨거운 물에 데친 후 분량의 곤약 소스 재료를 넣고 졸인다.

5. 숙주를 다듬는다.

6. 올리브오일을 두른 팬에 **5**의 숙주를 넣고 구운 소금으로 간을 한 후 들기름과 깨소금을 넣고 버무린다.

7. 접시에 보기 좋게 담는다.

✽ 곤약은 피부 미백, 피부 트러블 개선 및 노화 방지는 물론 다이어트에도 효과적이다.

미나리 유부 구이

재료(2인 분량)
미나리 100g, 유부 4장, 당면 약간, 소금 2작은술

맛간장
레몬 1개, 다시마(가로 20 × 세로 20cm) 1장, 간장 2컵, 청주 1컵, 물 2컵, 통후추 20개, 생강 1개, 양파 1개, 설탕 2큰술, 사과 1개, 청양고추 2개

다시마 국물
물 6컵, 다시마(가로 10 × 세로 10cm) 1장, 양파 1개, 무 100g

미나리 소스
간장 1과 1/2큰술, 다시마 국물 1큰술, 식초 2큰술, 유자청 2작은술

1. 끓는 물에 소금을 약간 넣고 미나리를 살짝 데쳐 찬물에서 씻은 후 줄기 부분을 5cm 길이로 썬다.

2. 끓는 물에 소금을 약간 넣고 유부를 끓인 후 물기를 꼭 짠다.

3. 당면은 끓는 물에 충분히 삶아 건져 물기를 뺀다.

4. 맛간장을 만든다.
   - 레몬을 제외한 모든 재료를 넣어 끓인다.
   - 끓기 시작하면 10분 후 다시마는 건지고 30분 정도 상온에서 식혀 체에 거른다.
   - 반으로 자른 레몬을 다시마 끓인 물에 넣고 실온에서 10시간 정도 우려 면포에 거른다.

5. 3에 맛간장으로 간을 한 후 물기가 없어질 때까지 볶는다.

6. 5를 2의 유부 속에 넣고 미나리로 묶어 팬에서 살짝 굽는다.

7. 다시마 국물을 만든다.
   - 재료를 모두 넣어 끓이다가 10분 후 다시마를 건진다.
   - 약불에서 20분간 더 끓인 후, 면포에 거른다.

8. 미나리 소스 재료를 섞는다.

9. 미나리를 먹기 좋은 크기로 썰어 접시에 담고 유부와 소스를 보기 좋게 담는다.

❊ 미나리를 장기간 먹으면 간기능이 좋아지며 숙취 해소에도 좋다.
❊ 다시마 국물은 냉장고에서 5일 정도 보관하여 사용할 수 있다.

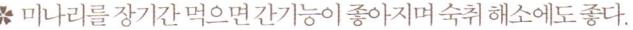

고추장아찌

재료(30인 분량)
아삭이고추 1kg, 간장 2컵, 설탕 2컵, 물 1과 1/2컵, 소금 4큰술, 식초 2컵,
소주 1/2컵

1. 아삭이고추는 깨끗이 씻어 꼭지를 따고 꼭지 쪽으로 두 군데 구
   멍을 뚫는다.
2. 간장, 설탕, 물, 소금을 섞어 끓인다.
3. 2가 끓기 시작하면 불을 끄고 식초, 소주를 넣어 식힌다.
4. 유리 용기는 열탕 소독 한 후 물기를 완전히 제거한다.
5. 유리 용기에 아삭이고추를 담고 3을 붓는다. 곰팡이가 생기지
   않게 무거운 돌을 올려놓는다.
6. 3~4일 간격으로 고추를 뺀 장을 끓이고 식혀 유리 용기에 고추
   와 함께 다시 넣는다.
7. 6을 3~4번 반복한다.

✽ 고추는 깨끗하게 씻어 물기를 완전히 제거한 후, 지퍼팩에 넣은
후 냉장고에 보관하면 1년 정도 먹을 수 있다.

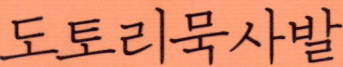

도토리묵사발

재료(2인 분량)
도토리묵 1/2모, 김치 200g, 참기름 1과 1/2큰술, 설탕 1큰술, 고춧가루 1큰술, 오이 1/3개, 구운 김 1장

채수
물 10컵, 표고버섯 3개, 무 200g, 다시마(가로 20 × 세로 20cm) 1장

국물
채수 4컵, 간장 2큰술, 식초 1큰술, 소금 1작은술, 설탕 1작은술

1. 도토리묵은 끓는 물에 살짝 데친 후 찬물에 헹군다.
2. 1은 7cm 길이(두께 0.5 × 폭 0.5cm)로 준비한다.
3. 김치는 물에 씻고 물기를 꼭 짠다.
4. 김치는 송송 썰어, 참기름, 설탕, 고춧가루를 넣고 무친다.
5. 채수를 만든다.
   - 재료를 모두 넣어 끓인다.
   - 다시마는 10분 후 건지고 40분 정도 약불에서 더 끓인다.
6. 국물 재료를 모두 넣어 섞는다.
7. 오이를 채 썬다.
8. 위생 비닐 봉지에 김을 넣어 입구를 묶어 손으로 비벼 김가루를 만든다.
9. 2의 도토리묵에 6을 넣고, 오이, 김을 고명으로 올린다.

✽ 도토리에는 아코신 성분이 있어 체내에 있는 중금속 성분을 배출시키며 열량이 낮아 다이어트에도 좋다.

검은깨 죽

재료(2인 분량)
검은깨 1/2컵, 현미 5큰술, 물 6컵, 소금 약간, 잣 3개

1. 검은깨는 물에 씻어서 프라이팬에 살짝 볶는다.
2. 볶은 검은깨를 절구에 곱게 갈고 여기에 물 1/3컵을 넣어 다시 간다.
3. 2는 체에 걸러 즙만 사용한다. 이때 물은 2컵 사용한다.
4. 현미는 물에 씻은 후 1시간 정도 불려 물 1/3컵을 넣어 곱게 간다.
5. 물 3과 1/3컵을 넣어 중불에서 현미와 함께 충분히 끓인다.
6. 5에 2의 검은깨 즙을 넣어 중불에서 끓이다가 끓기 시작하면 약불에서 조금 더 끓인다.
7. 취향에 따라 소금으로 간을 하고 잣을 띄워 마무리한다.

✽ 검은깨는 섬유질이 많고 강력한 항산화 작용을 한다. 피부에 수분을 공급하며 두뇌 발달에도 도움을 준다.

서여 죽

재료(2인 분량)
찹쌀 1/2컵, 물 5컵, 마 200g, 소금 약간, 잣 6개

1. 찹쌀은 깨끗이 씻어 1시간 정도 불린 후, 물 1컵을 넣어 입자가 굵게 갈아 준다.
2. 마는 씻어서 껍질을 벗긴 후 150g을 강판에 곱게 간다.
3. 남은 마 50g은 0.5cm 길이(두께 0.5 × 0.5cm)로 자른다.
4. 물 4컵에 1의 찹쌀을 넣어 끓인 후 2, 3을 넣어 약불에서 끓인다.
5. 소금으로 간을 하고 그릇에 담아 잣을 올린다.

✻ 마 알레르기는 우엉차로 씻어내면 효과적이다. 우엉차는 우엉을 20cm로 채 썰어 물 1ℓ에 10~15분 정도 끓여 우엉을 건져 만든다.

연화차

재료(4인 분량)
한지(가로 4 × 세로 6cm) 1장, 녹차 30g, 백련 1송이, 물 1ℓ

1. 한지에 녹차를 올려 잘 접는다.
2. 백련 속에 1을 넣고 랩으로 감싼 후 냉장고에서 하루 정도 숙성 시킨다.
3. 한 김 시킨 70℃ 정도 물에서 2의 녹차를 5분 정도 우란다.
4. 큰 그릇에 3을 넣고 그 위에 연꽃을 올린 후 잔에 담아 마신다.

❉ 연화차는 아름다운 머릿결을 만들고 어혈을 제거하고 피를 잘 돌게 한다. 이외에도 연화 차의 효능이 본초십유, 동의보감 등에 잘 수록되어 있다.

지인들을 위해 평소에 아끼던 예쁜 그릇을 꺼내 도토리묵사발을 담아 보았어요.
식수에는 레몬 한 조각 띄우면 상쾌하겠죠?
도토리묵으로 식사를 하고 나서 평소 접하기 힘든 연화차로 티타임을 가져 보세요.
오후의 햇살처럼 밝게 빛나던 지인들의 미소를 아직도 잊지 못합니다.

1, 2 도토리묵 그릇 밑에 평접시를 받치면 정갈한 느낌을 연출할 수 있습니다.
3 물 위에서 화려하게 핀 연꽃차를 대접하면 모두들 감탄을 연발합니다.
4 여름에는 토마토 샐러드도 자주 만들곤 합니다. 재미있는 오브제가 달린 뚜껑이 있는 접시에 샐러드를 담아 색다르게 연출해
보세요. 마치 고급 레스토랑에 온 듯한 착각이 들게 합니다.

PART 3

자연의 기운이 깃든
가을 향기

뿌리채소 샐러드

재료(2인 분량)
연근(길이 10cm), 마(길이 10cm), 알감자 5알, 꼬마 당근 7개, 브로콜리 1/2개,
소금 1큰술, 잣가루 약간

레몬 효소
레몬 700g, 설탕 700g, 베이킹소다 약간

배 더덕 소스
배즙 3큰술, 설탕 1큰술, 식초 2큰술, 레몬 효소 2큰술, 소금 1/2작은술,
연겨자 1작은술, 갈아 놓은 더덕 1큰술

1. 연근, 마는 듬성듬성 썬다.
2. 알감자, 꼬마 당근은 찜통에서 찐다.
3. 끓는 물에 소금 1큰술을 넣고 브로콜리를 살짝 데친다.
4. 배 더덕 소스에 넣을 레몬 효소를 만든다.

   • 유리병은 뜨거운 물에 살짝 끓여 소독한 후 잘 말린다.
   • 레몬은 베이킹소다로 깨끗하게 씻어 씨를 빼고 넙적하게 썰
     어 준비한다.
   • 레몬을 유리병에 넣고 사용할 설탕 700g 중 60% 정도만 넣
     어 잘 섞는다.
   • 나머지 설탕은 사과 한 켜, 설탕 한 켜씩 쌓고 맨 위에 설탕
     5cm를 덮는다.
   • 곰팡이가 생기지 않게 무거운 것으로 눌러 준다.
   • 15일 후부터 매일 골고루 섞는다.
   • 1차 발효(6개월) 기간에는 서늘한 실내에서 보관한다.
   • 1차 발효가 끝나면 건더기를 걸러 내고 발효액은 다른 용기
     에 담아 2차 발효를 시작한다.
   • 2차 발효도 6개월간 숙성한다. 발효가 끝나면 냉장 보관한다.

5. 믹서에 배 더덕 소스 재료를 넣어 잘 갈아 준다.
6. 1, 2, 3에 5를 뿌리고 잣가루를 올려 마무리한다.

✽ 키친타월 사이에 잣을 넣어 절굿공이로 살살 두드리면서 잣가
루를 만든다. 하루 3~4회(3시간 정도 간격으로) 키친타월을 갈아 주는
과정을 2~3일 반복하면 담백한 잣가루를 만들 수 있다.

가지 양송이 샐러드

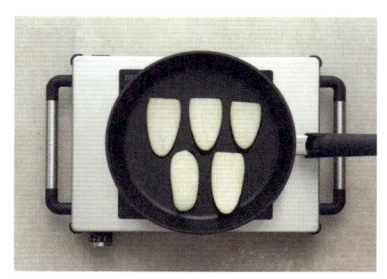

재료(2인 분량)
가지 1개, 소금 1과 1/2작은술, 양송이 3개, 브로콜리 1/2개, 토마토 1개

발사믹 소스
발사믹 식초 1큰술, 설탕 1작은술, 올리브오일 1큰술, 파슬리 가루 약간,
다진 양파 1과 1/2큰술

1. 가지는 8cm 길이(두께 0.7cm)로 잘라 소금으로 간을 해 굽는다.

2. 양송이는 세로로 1/2등분하여 소금으로 간을 해 굽는다.

3. 끓는 물에 소금 1큰술을 넣고 브로콜리를 살짝 데친 후 재빨리 헹구어 물기를 짠다.

4. 토마토는 1cm 폭으로 자른다.

5. 그릇에 먹기 좋은 크기로 준비한 l~4를 올린다.

6. 발사믹 소스 재료를 모두 섞는다.

7. 6의 소스를 5에 올려 먹는다.

✽ 양송이버섯을 손질할 때는 붓을 이용해 버섯 갓의 안쪽 주름을 살살 털고 기둥은 자르지 않는다. 손질한 양송이를 키친타월에 잘 싸서 지퍼백이나 밀폐 용기에 넣어 야채 칸이나 신선 칸에 보관하면 무르지 않는다.

알감자 토마토 샐러드

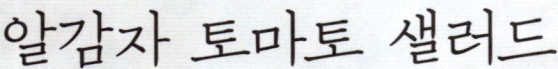

재료(2인 분량)
알감자 10알, 올리브오일 1큰술, 소금 1/2작은술, 토마토 2개

양념
❶ 설탕 1작은술, 소금 1/2작은술, 후춧가루 1/3작은술
❷ 올리브오일 2큰술, 발사믹 식초 1작은술

양파 소스
다진 양파 1/3개, 레몬 1/2개, 올리브오일 1/3컵, 파슬리 1/2작은술, 소금 1작은술

1. 알감자를 깨끗하게 씻는다.

2. 올리브오일을 두른 팬에 알감자를 살짝 굽는다.

3. 2에 소금을 살짝 뿌린 후, 200℃ 오븐에서 15분 정도 굽는다.

4. 토마토는 0.5cm 두께로 슬라이스한 후 넓은 볼에 펼친 뒤 ❶ 양념으로 1차 밑간을 한다.

5. 4에 ❷ 양념을 뿌려 랩으로 밀봉 후 30분 재워 둔다.

6. 분량의 재료를 잘 섞어 양파 소스를 만든다.

7. 접시 위에 토마토와 알감자를 올린 후, 양파 소스를 곁들인다.

❋ 알감자를 상온에서 보관 시 직사광선을 피한다. 냉장고에 보관할 때는 물기를 완전히 제거하고 비닐 안에 키친 타월을 깔고 보관한다.

버섯 샐러드

재료(2인 분량)
표고버섯 1개, 새송이버섯 1개, 양송이버섯 2개, 팽이버섯 한 줌(70g), 소금 약간, 어린 싹 한 줌, 느타리버섯 1/2줌(30g)

맛간장
레몬 1개, 다시마(가로 20 × 세로 20cm) 1장, 간장 2컵, 청주 1컵, 물 2컵, 통후추 20개, 생강 1개, 양파 1개, 설탕 2큰술, 사과 1개, 청양고추 2개

표고버섯 소스
물 1/2큰술, 맛간장 1/2큰술, 물엿 1/3큰술

샐러드 소스
소금 1/2작은술, 올리브오일 1/2큰술

잣 소스
잣 250g, 물 100ml, 소금 1큰술

1. 표고버섯은 세로로 4등분한다.
2. 분량의 표고버섯 소스 재료를 섞어 팬에 넣고 1의 표고버섯을 넣고 조린다.
3. 맛간장을 만든다.
    • 레몬을 제외한 재료를 모두 넣어 끓인다.
    • 끓기 시작하면 10분 후 다시마는 건지고 30분 정도 상온에서 식혀 체에 거른다.
    • 반으로 자른 레몬을 다시마 끓인 물에 넣고 실온에서 10시간 정도 우린 후 면포에 거른다.
4. 새송이버섯은 세로로 4등분, 양송이버섯은 세로로 1/2등분하여 팬에 넣고 소금을 뿌리면서 굽는다.
5. 어린 싹은 깨끗이 씻어 물기를 제거한 후 샐러드 소스로 버무린다.
6. 믹서에 잣 소스 재료를 넣고 곱게 갈아 준비한다.
7. 접시 위에 각종 버섯을 올리고 잣 소스를 뿌려 마무리한다.

✿ 버섯에는 무기질과 단백질이 풍부하게 들어 있어 건강에 좋은 것은 물론 다이어트에도 좋다.

채식 수란채

재료(2인 분량)
잣가루 3큰술, 오이 1개, 소금 약간, 배 1/2개, 파프리카(홍, 노랑, 주황) 1/4개씩, 죽순 1개, 미나리 2줄기, 홍고추 1개

두유
콩(검은콩, 흰콩) 3컵, 생수 1ℓ

1. 잣은 가루로 만들어 잣기름을 제거한다.
2. 두유를 만든다.
   - 3컵 정도의 콩을 손질해 8시간 정도 불린다.
   - 냄비에 불린 콩과 물 1ℓ를 냄비에 넣어 5분은 센불, 5분은 약불에서 삶는다.
   - 삶은 콩을 식힌 후 믹서기에 곱게 갈아 베 보자기에서 콩국물만 거른다.
   - 남은 건더기는 콩비지로 사용한다.
3. 오이는 0.5cm 폭으로 썰어 소금에 절인 후 물기를 꼭 짠다.
4. 배와 파프리카는 5cm 길이로 채 썬다.
5. 죽순은 0.3cm 두께로 채 썬다.
6. 미나리는 줄기 부분만 3cm로 자른다.
7. 그릇에 **3**의 오이를 담고, 오이 주위에 색깔별로 손질한 재료를 돌려 담는다. 위에 미나리를 올리고 홍고추로 장식한다.

✽ 잣은 지방이 많아 변질이 쉬우므로 공기가 닿지 않게 밀봉하고 건조한 상태에서 냉장 보관한다.
✽ 키친타월 사이에 잣을 넣어 절굿공이로 살살 두드리면서 잣가루를 만든다. 하루 3~4회(3시간 정도 간격) 키친타월을 갈아주는 과정을 2~3일 반복하면 담백한 잣가루를 만들 수 있다.

구운 야채 샐러드

재료(1인 분량)
두부 1/3모(약 180g), 소금 약간, 가지(10cm 길이), 방울토마토 5개, 새싹 약간,
잣가루 약간

유자 간장 소스
간장 2큰술, 식초 1작은술, 유자즙 2큰술, 소금 1/4작은술, 설탕 1/2작은술,
생강즙 1/4작은술

1. 두부는 사방 2cm 정도로 썬 다음 소금을 살짝 뿌린 후 굽는다.
2. 방울토마토는 반으로 자른 후 굽는다.
3. 가지는 1.5cm 폭으로 잘라 굽는다.
4. 소스 재료를 모두 섞어 유자 간장 소스를 만든다. 이때 생강즙
   은 가장 마지막에 넣는다.
5. 1, 2, 3을 그릇에 담고 4의 소스를 올린다. 그 위에 새싹과 잣가
   루를 뿌린다.

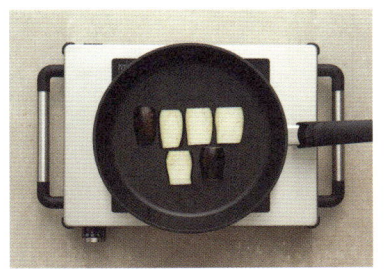

✽ 생강은 깨끗하게 씻어 수저로 껍질을 벗겨 편으로 썬 다음 키친
타월에 물기를 뺀다. 손질한 생강을 밀폐가 잘 되는 그릇에 넣어 냉
동 보관하면 최대 6개월 정도 사용 가능하다.

콩전

재료(2인 분량)
숙주 50g, 소금 약간, 고사리 50g, 맛간장 1/2큰술, 신김치 50g, 불린 콩 1컵,
올리브오일 약간, 홍고추 1개, 청고추 1개, 참기름 약간

맛간장
레몬 1개, 다시마(가로 20 × 세로 20cm) 1장, 간장 2컵, 청주 1컵, 물 2컵, 통후추
20개, 생강 1개, 양파 1개, 설탕 2큰술, 사과 1개, 청양고추 2개

1. 숙주는 살짝 데쳐서 소금으로 간을 한다.
2. 맛간장을 만든다.
   - 레몬을 제외한 재료를 모두 넣어 끓인다.
   - 끓기 시작하면 10분 후 다시마는 건지고 30분 정도 상온에서
     식혀 체에 거른다.
   - 반으로 자른 레몬을 다시마 끓인 물에 넣고 실온에서 10시간
     정도 우린 후 면포에 거른다.
3. 고사리는 데쳐서 맛간장과 소금으로 간을 한 후 볶는다.
4. 신김치는 깨끗이 씻은 후 잘게 썰어 물기가 없어질 때까지 볶는다.
5. 콩은 10시간 이상 불린다.
6. 5의 콩을 살짝 끓인 후 물 1/2컵을 넣어 믹서로 곱게 갈아 준다.
7. 6의 콩을 3등분해서 각각 숙주나물, 고사리, 신김치를 섞는다.
8. 올리브오일을 두른 팬에 7을 먹기 좋은 크기로 부친다.
9. 8에 홍고추, 청고추를 고명으로 올린다.
10. 9의 맛간장 1/2큰술과 참기름을 섞어 양념장을 만들어 콩전에
    곁들인다.

❀ 콩은 김치냉장고에 보관하는 방법이 가장 안전하다. 물기를 완
전히 제거한 후 페트병에 보관해도 좋다.

더덕 잣 무침

재료(2인 분량)
더덕 35g, 배 1/4쪽, 잣 125g(종이컵으로 1컵), 물 1/4컵, 소금 1/4작은술

1. 더덕은 나무 방망이로 두들겨 잘게 찢는다.
2. 배는 5cm 길이로 채 썬다.
3. 믹서에 잣, 물, 소금을 함께 넣고 마요네즈 정도의 끈기가 생길 때까지 곱게 갈아 준다.
4. 1, 2에 3을 넣고 살살 버무린다.

✽ 더덕은 손질하기 어렵다고 생각하지만 요령을 알고 나면 쉽다. 우선 더덕의 표면은 수세미로 깨끗하게 닦는다. 끓는 물에 더덕을 빠른 속도로 살짝 데친 후 찬물에서 식혀 껍질을 벗긴다. 이때 세로로 칼집을 넣고 가로로 돌려 가며 껍질을 벗기면 쉽다.
  참고로 더덕은 비슷한 길이로 3~4개 정도씩 신문지에 싸서 선선한 곳에 보관한다.

표고버섯 강정

재료(2인 분량)
표고버섯 5개, 소금 약간, 감자 전분 1/2컵, 밀가루 1/2컵, 전분 가루 약간,
파프리카 1/2개, 견과류 약간

강정 소스
고추장 3큰술, 매실청 1큰술, 식초 1작은술, 물엿 3큰술, 레몬즙 1작은술

1. 강정 소스 재료를 섞어 실온에서 하루 숙성시키고 그 후 냉장고
   에서 3일 더 숙성시킨다.
2. 표고버섯은 사등분하여 잘라 소금으로 간을 한다.
3. 감자전분 1/2컵, 밀가루 1/2컵, 소금을 약간 섞어 물을 조금씩
   넣어 가며 반죽이 흐를 정도로 만든다.
4. 2의 표고버섯에 전분 가루를 살짝 묻혀 3을 입히고 160℃에서
   1차로 튀긴다.
5. 4를 식힌 후 먹기 전에 180℃에서 2차로 튀긴다.
6. 1의 강정 소스에 파프리카와 5를 넣어 살짝 뒤적인다.
7. 표고버섯 강정을 접시 위에 올린 후 견과류를 올린다.

❋ 튀김을 할 때 차가운 물을 사용하면 튀김옷이 바삭해진다.
❋ 기름의 온도를 쉽게 알 수 있는 방법이 있다.
① 140~150℃ : 튀김옷이 바닥 끝까지 가라앉는다.
② 170~180℃ : 튀김옷이 중간까지 가라앉았다 다시 떠오른다.
③ 200℃ : 튀김옷이 기름 위에만 있다가 흩어진다.

오븐에 구운 두부

재료(1인 분량)

찌개용 두부 1/2모(약 250g), 올리브오일 1큰술, 소금 약간, 표고버섯 2개, 토마토 1개, 다진 양파 4큰술, 느타리버섯 한 줌(약 60g), 팽이버섯 한 줌(약 70g), 갈은 마 1과 1/2컵, 바질 약간

채수

물 10컵, 표고버섯 3개, 무 200g, 다시마(가로 20 × 세로 20cm) 1장

표고버섯 양념장

채수 2큰술, 설탕 1/2작은술, 간장 1큰술

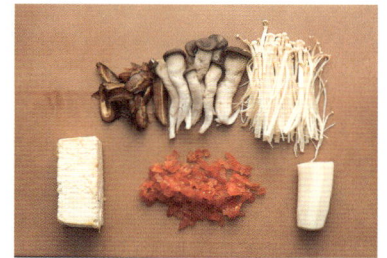

1. 두부는 7cm 길이(가로 3cm × 두께 2cm)로 자른다.

2. 올리브오일을 두른 팬에 두부를 굽는다. 이때 소금으로 살짝 간을 한다.

3. 채수를 만든다.
   - 재료를 모두 넣어 끓인다.
   - 다시마는 10분 후 건지고 40분 정도 약불에서 더 끓인다.

4. 표고버섯은 슬라이스한 후 표고버섯 양념장을 넣고 졸인다.

5. 토마토와 양파를 각각 다져 물기를 꼭 짠 후 소금으로 살짝 간을 한다.

6. 내열 용기에 1을 넣고, 4, 5를 올린다.

7. 마를 강판에 갈아 6위에 올린다.

8. 7을 160℃ 오븐에 15분 정도 굽는다.

9. 바질을 올려 마무리한다.

✽ 위가 약한 사람에게 좋은 식품인 마는 장수 식품으로 알려져 있다.

온새미로

재료(1인 분량)
기장 1/3컵, 소금 2큰술, 시금치 한 줌, 올리브오일 1큰술, 방울토마토 10개,
완두콩 2큰술, 작두콩 10알, 잣 1큰술

매실 간장 소스
간장 4큰술, 참기름 1과 1/2큰술, 매실청 1/2큰술, 다진 매운 고추 1/2개

1. 기장은 20분간 물에 불려 살짝 데친다. 찬물에서 식혀 물기를
   제거한 후 소금으로(1/2작은술) 간을 한다.

2. 끓는 물에 소금 1큰술을 넣어 시금치를 데치고 찬물에서 헹군
   후 소금으로(1/4큰술) 간을 한다.

3. 팬에 올리브오일을 두르고 방울토마토를 껍질이 터질 때까지
   볶는다.

4. 완두콩과 작두콩은 소금을(1/4작은술) 넣고 끓는 물에 익힌다.

5. 4를 꺼내 팬에 살짝 볶는다.

6. 접시에 재료를 잘 담은 후 매실 간장 소스를 뿌려 마무리한다.

✽ 기장에는 비타민 A, B가 다량 함유되어 있어 다이어트 식품으
로 매우 좋으며 얼굴이 붉게 달아오르거나 가슴이 답답할 때도 효
과적이다.

더덕장아찌

재료(20인 분량)
더덕 500g, 참기름 약간, 깨 약간

양념장
고추장 1컵, 고춧가루 2큰술, 설탕 1큰술, 매실청 1큰술, 물엿 1큰술, 소금 1작은술

I. 더덕을 손질하여 소쿠리에 넣어 그늘에서 반나절 말린다.

2. 말린 더덕을 방망이로 두들겨 얄팍하게 만든다.

3. 양념 재료를 모두 섞는다.

4. 2에 3을 골고루 바른다.

5. 4를 그릇에 담아 꼭꼭 눌러 준 후 뚜껑을 덮고 3~4일 냉장고에
   서 숙성시킨다.

6. 숙성시킨 후에는 취향에 따라 참기름과 깨를 넣어 무쳐 먹는다.

✽ 더덕은 손질하기 번거롭지만 요령을 알고 나면 쉽다. 우선 더덕
의 표면을 수세미로 깨끗하게 닦고 끓는 물에 더덕을 살짝 데친 후
찬물에서 식혀 껍질을 벗긴다. 이때 세로로 칼집을 넣고 가로로 돌
려가며 껍질을 벗기면 쉽다.
✽ 더덕은 비슷한 길이로 3~4개 정도씩 신문지에 싸서 그늘진 곳
에 보관한다.

서여향병

재료(1인 분량)
마 30g, 구기자 2알, 호박씨 가루 1/2작은술, 은행 2알, 소금 1/5작은술

두유
콩(검은콩, 흰콩) 3컵, 생수 1ℓ

소스
잣가루 2큰술, 두유 3큰술, 소금 1/5작은술

1. 생마를 80분 정도 소금에 절여 껍질을 벗겨 찜통에서 30분간 찐다.
2. 1을 으깨서 둥글넓적하게 빚어 130℃ 오븐에서 10분 정도 굽는다. 오븐이 없을 시 코팅 프라이팬에 10분 정도 약불에서 굽는다.
3. 구기자는 40℃ 정도의 물에 10분 정도 불려 볶는다.
4. 은행도 팬에 볶는다.
5. 두유를 만든다.
   • 3컵 정도의 콩을 손질해 8시간 정도 불린다.
   • 불린 콩과 물 1ℓ를 냄비에 넣어 5분은 센불, 5분은 약불에서 삶는다.
   • 삶은 콩을 식힌 후 믹서기에 곱게 갈아 베보자기에서 콩국물만 거른다.
   • 남은 건더기는 콩비지로 사용한다.
6. 믹서에 소스 재료를 넣고 곱게 갈아 준다.
7. 접시에 둥글게 빚은 마를 담고 그 위에 호박씨 가루, 구기자 순으로 올린다. 은행으로 장식한 후 소스를 뿌려 마무리한다.

✽ 키친타월 사이에 잣을 넣어 절굿공이로 살살 두드리면서 잣가루를 만든다. 하루 3~4회(3시간 정도 간격) 키친타월을 갈아주는 과정을 2~3일 반복하면 담백한 잣가루를 만들 수 있다.

辛소담미두

재료(1인 분량)

토마토 1/2개, 양파 1개, 표고버섯 2개, 두부 1/4모(약 130g), 청경채 2뿌리,
매운 고추(청·홍) 1/2개씩 다진 것, 녹말가루 1/2컵, 식용유 500㎖,
물에 갠 녹말 3큰술, 고추기름 1큰술, 올리브오일 3큰술

채수

물 10컵, 표고버섯 3개, 무 200g, 다시마(가로 20 × 세로 20cm) 1장

양념장

간장 2작은술, 설탕 1작은술, 소금 1/2작은술

1. 끓는 물에 토마토를 데친 후 사각 썰기 한다.

2. 양파와 표고버섯은 잘게 썬다.

3. 채수를 만든다.

    • 재료를 모두 넣어 끓인다.

    • 다시마는 10분 후 건지고 40분 정도 약불에서 더 끓인다.

4. 큰 냄비에 올리브오일을 두르고 잘게 썬 양파를 갈색이 될 때까지
   볶는다.

5. 4에 채수, 토마토, 양념장을 넣고 중불에서 끓인다.

6. 두부는 2cm 정도 두께로 자른 후 지름 5cm 정도의 둥근 틀로
   눌러 모양을 만든다. 틀이 없으면 가로 5cm, 세로 5cm 사각형
   으로 자른 후 모서리를 둥글려 모양을 만든다. 자른 후 녹말가
   루를 묻혀 170℃ 식용유에서 튀긴다.

7. 5에 2의 표고버섯을 넣어 다시 한 번 약불에서 끓인다.

8. 7에 6의 두부를 넣고 센불에 고추기름과 다진 고추를 함께 넣
   어 졸인다.

9. 접시에 8을 담고 청경채를 데쳐 옆에 놓고 마무리한다.

✽ 고추에 함유된 캡사이신 성분은 뇌세포 산화를 막아 치매 예방
에 효과적이다.

비지찌개

재료(4인 분량)
불린 콩 4컵, 물 2컵, 신김치 200g, 채수 6컵, 올리브오일 1큰술, 소금 약간

채수
물 10컵, 표고버섯 3개, 무 200g, 다시마(가로 20 × 세로 20cm) 1장

양념장
다진 청·홍고추 각각 1작은술, 참기름 1작은술, 설탕 1작은술

1. 콩을 불린다(여름에는 5시간, 겨울에는 8시간).
2. 냄비에 불린 콩, 물 2컵을 넣고 5분은 센불, 5분은 약불에서 삶는다.
3. **2**를 믹서기에서 넣고 되직할 정도로 갈아 준다.
4. 채수를 만든다.
   - 재료를 모두 넣어 끓인다.
   - 다시마는 10분 후 건지고 40분 정도 약불에서 더 끓인다.
5. 올리브오일을 두른 냄비에 송송 썬 김치를 볶다가 **4**의 채수를 넣고 끓인다.
6. 채수가 반으로 줄면 **3**을 넣고 약불에서 끓이다가 소금으로 간을 한다.
7. 재료를 모두 섞어 양념장을 만든다.
8. 그릇에 **6**을 담고 양념장은 기호에 따라 넣는다.

✽ 콩비지는 심혈관 질환에 좋고 콜레스테롤 수치를 낮추며 섬유질이 많아 변비, 다이어트, 피부 미용에 효과적이다. 칼슘이 다량으로 들어 있어 골다공증에도 좋다.

두부탕

재료(4인 분량)

두부 1/2모(약 250g), 불린 당면 한 줌, 곤약 30g, 죽순 1개, 애호박 1/3개, 쑥갓 100g, 배추 잎 5장, 표고버섯 3개, 국간장 1큰술, 소금 2작은술

채수

물 10컵, 표고버섯 3개, 무 200g, 다시마(가로 20 × 세로 20cm) 1장

양념장

간장 2큰술, 식초 3큰술, 레몬즙 1큰 술, 설탕 1과 1/2작은술, 겨자 약간

1. 두부는 4cm 길이로(두께 0.5 × 폭 2cm) 준비한다.

2. 당면은 10cm 폭으로 잘라 물에 불린다.

3. 곤약은 4cm 길이로(두께 0.5 × 폭 2cm) 자른 후 끓는 물에 살짝 데 친다.

4. 죽순은 데친 후 석회질을 제거한다.

5. 애호박은 반달 썰기 하고 쑥갓은 손으로 자른다.

4. 채수를 만든다.

   • 재료를 모두 넣어 끓인다.

   • 다시마는 10분 후 건지고 40분 정도 약불에서 더 끓인다.

7. 채수에 곤약, 죽순, 애호박, 표고버섯, 배추 잎을 넣고 끓인다.

8. 7이 끓으면 두부와 당면을 넣고 또 끓이다가 국간장과 소금으 로 간을 한다.

9. 먹기 직전 쑥갓을 올린다.

10. 양념장 재료를 모두 섞어 9와 함께 낸다(겨자는 취향에 따라 넣는다).

✻ 애호박은 이뇨 작용을 통해서 콜레스테롤 및 혈압을 낮추어 주 므로 심혈관 질환에 효과적이며 해독 작용뿐 아니라 간기능 강화 에도 좋다.

송이 국

재료(2인 분량)
우엉(길이 10cm), 송이버섯 2개, 두부 1/4모(약 130g), 국간장 1작은술, 소금 1/2작은술, 채수 6컵

채수
물 10컵, 표고버섯 3개, 무 200g, 다시마(가로 20 × 세로 20cm) 1장

1. 우엉은 껍질을 벗긴 후 얇게 채 썰고 찬물에서 헹군다.

2. 송이버섯은 0.3cm로 편을 썬다.

3. 채수를 만든다.

   • 재료를 모두 넣어 끓인다.

   • 다시마는 10분 후 건지고 40분 정도 약불에서 더 끓인다.

4. 채수 6컵에 1을 넣고 끓인다.

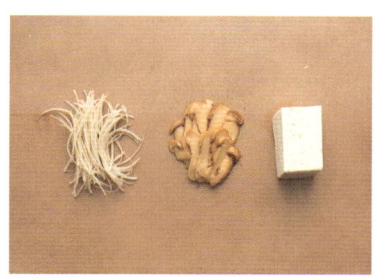

5. 두부는 3cm 길이(두께 0.3 × 폭 1.5cm)로 썰어 4에 넣어 끓이다가 국간장을 넣는다.

6. 끓으면 2의 송이버섯과 소금으로 간을 한다.

✿ 송이버섯은 물에 씻지 말고 한 개씩 한지를 싸고, 그 위에 랩이나 비닐 포장을 한다. 이렇게 냉동실에서 보관하면 오랫동안 먹을 수 있다.

들깨 순두부찌개

재료(4인 분량)
느타리버섯 100g, 애호박 1/4개, 청양고추 1개, 고춧가루 2큰술, 순두부 1팩,
들깨가루 4큰술, 국간장 1작은술, 소금 약간

채수
물 10컵, 표고버섯 3개, 무 200g, 다시마(가로 20 x 세로 20cm) 1장

고추기름
식용유 280ml, 고춧가루 6큰술

1. 느타리버섯, 애호박은 반달썰기 한다.

2. 청양고추는 어슷하게 썬다.

3. 채수를 만든다.

   • 재료를 모두 넣어 끓인다.

   • 다시마는 10분 후 건지고 40분 정도 약불에서 더 끓인다.

4. 3에 1, 2를 넣고 끓인다.

5. 4에 순두부와 들깨가루, 국간장을 넣고 다시 한 번 끓인다.

6. 고추기름을 만든다.

   • 재료를 섞은 그릇에 담아 뚜껑을 닫은 후 캄캄하고 서늘한 곳
     에서 4~5일간 숙성시킨다.

   • 거즈에 고춧가루를 거르고 기름만 받는다.

7. 5가 끓으면 소금으로 간을 한 후 고추기름을 1작은술을 넣는다.

❃ 가을에 건조해진 날씨로 거친 피부가 고민일 때 들깨가루를 섭
취하면 좋다. 민간에서는 변비 치료 목적으로도 사용된다.

버섯 전골

재료(2인 분량)

버섯(새송이버섯, 표고버섯, 느타리버섯, 팽이버섯) 400g, 두부 1/2모(약 250g),
단호박 1/4쪽, 조랭이 떡 100g, 풋고추 1개

채수

물 10컵, 표고버섯 3개, 무 200g, 다시마(가로 20 × 세로 20cm) 1장

양념장

들깨가루 5큰술, 소금 1큰술, 국간장 1작은술

들깨 소스

들기름 1큰술, 들깨가루 1큰술, 된장 1작은술, 식초 1작은술, 설탕 1큰술

1. 버섯을 손질한다.
   - 새송이버섯은 길이 방향으로 도톰하게 손질한다.
   - 표고버섯은 기둥만 제거한다.
   - 느타리버섯, 팽이버섯은 밑동만 제거한다.
2. 두부는 4cm 길이로(두께 1 × 폭 2cm) 썰어 팬에 살짝 굽는다.
3. 단호박은 두부 크기와 비슷하게 썰고 고추는 어슷하게 썬다.
4. 채수를 만든다.
   - 재료를 모두 넣어 끓인다.
   - 다시마는 10분 후 건지고 40분 정도 약불에서 더 끓인다
5. 냄비에 보기 좋게 둘러 주고, 채수를 붓고 한소끔 끓인다.
6. 끓은 후 양념장을 넣고 다시 약불에서 끓인다.
7. 분량의 재료로 들깨 소스를 만들어 곁들인다.

❋ 조랭이떡은 고려시대 충신들이 먹었던 떡으로 전해진다. 가래
떡을 오목하게 빚어 그 오목한 부분을 고려를 배신한 사람들의 목
으로 여기고 먹었다고 한다.

대추초

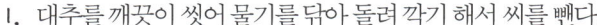

재료(5인 분량)
마른 대추 10알, 잣 10알, 잣가루 1큰술, 물 1과 1/2컵, 설탕 3큰술, 계핏가루 약간,
꿀 2큰술

1. 대추를 깨끗이 씻어 물기를 닦아 돌려 깎기 해서 씨를 뺀다.
2. 대추 속에 잣가루를 넣고, 대추 끝에 잣 하나는 보이도록 박는
   다. 이때 무명실로 묶어 준다.
3. 냄비에 물, 설탕, 계핏가루와 **2**를 넣고 중불에서 조린다.
4. 어느 정도 졸면 꿀을 넣고 한 번 더 약불에서 조린다.
5. 무명실은 나중에 풀어 준다.

✤ 대추는 천식에 특히 좋다. 대추에 함유된 식이 섬유질이 발암 물
질을 흡착해 배출시키고, 몸의 불필요한 수분을 배출시켜 몸이 잘
붓는 사람에게 좋다.

밤초

재료(5인 분량)
밤 10톨, 소금 1/2작은술, 물 2컵, 황설탕 3큰술, 꿀 2큰술, 잣가루 1큰술

1. 밤은 속껍질과 겉껍질을 벗긴 후 끓는 물에 소금을 넣고 2분 정도 데친다.
2. 물 2컵 분량에 황설탕을 넣고 밤을 중불에서 조린다.
3. 2의 물기가 잦아들면 꿀을 넣고 윤기 나게 조린다.
4. 3을 접시에 담고 잣가루를 뿌린다.

✿ 밤은 콜레스테롤과 중성 지방 수치를 감소시킨다. 또한 밤 껍질에는 타닌이라는 성분이 있어 말린 후 곱게 갈아 꿀과 섞어 바르면 피부가 투명해진다.

유자청

재료(20인 분량)
유자 10개, 설탕(유자 무게의 1.2배), 베이킹소다 약간

1. 유리병은 뜨거운 물에 살짝 끓여 소독한 후 잘 말린다.
2. 베이킹소다를 희석시킨 물에 유자를 깨끗이 씻어 물기를 제거한다.
3. 유자는 씨를 빼고 채 썬다.
4. 넓은 볼에 채 썬 유자와 분량의 설탕 1/2을 넣고 섞는다.
5. 4에 유자즙이 생기면 유자 한 켜, 설탕 한 켜씩 담고 맨 위에 설탕을 5cm 정도 덮는다.
6. 일주일 정도 숙성시킨 후 유자차로 먹는다.

✿ 유자청을 만들 때 건 오미자 1컵을 넣으면 다른 느낌으로 차를 마실 수 있다. 건오미자는 깨끗이 닦은 후 물기를 완전히 제거한 후 5상태에서 함께 숙성시킨다.

유자 화채

재료(2인 분량)
유자 1개, 배 1/2개, 생수나 탄산수 5컵, 설탕 1컵, 석류알 2큰술

1. 유자는 베이킹소다로 깨끗이 닦는다.
2. 유자를 4등분 해 껍질을 벗긴 후 안쪽의 흰 부분을 얇게 저미며 채 썰고 노란 부분은 가늘게 채 썬다.
3. 유자 속은 베 보자기에 싸서 즙을 짠 후 생수나 탄산수, 설탕과 섞는다.
4. 배는 껍질을 벗겨 유자 크기로 채 썬다.
5. 석류는 반으로 자른 후 작은 티스푼으로 석류알을 긁어 낸다.
6. 화채 그릇에 유자, 배, 유자, 석류, 배, 유자, 배 순서로 놓은 후 3 을 넣고 랩으로 싸서 30분 정도 지난 후에 먹는다.

✽ 유자는 비타민 C와 구연산이 풍부하다. 감기에 좋고 목의 염증 을 가라앉히며 기침을 완화시킨다.

마 주스

재료(2인 분량)
마 1개, 두유 1컵, 소금 1/5작은술, 꿀 1큰술

두유
콩(검은콩, 흰콩) 3컵, 생수 1ℓ

1. 마를 강판에서 곱게 간다.
2. 두유를 만든다.
   - 3컵 정도의 콩을 손질해 8시간 정도 불린다.
   - 불린 콩과 물 1 ℓ를 냄비에 넣어 5분은 센불, 5분은 약불에서 삶는다.
   - 삶은 콩을 식힌 후 믹서기에 곱게 갈아 베 보자기에서 콩국물만 거른다.
   - 남은 건더기는 콩비지로 사용한다.
3. 1에 두유, 소금, 꿀을 섞는다.

✽ 마의 디아스타제라는 성분은 체내에서 포도당으로 변하는데 이는 인슐린 분비를 촉진하고 당뇨로 인한 합병증 예방에 매우 효과적이다. 또한 뇌 활성화 작용에 좋아 기억력, 학습 능력이 증진되는 성분으로 알려져 있다.

식재료가 풍성한 가을 상차림에 어울리는 더덕 잣 무침, 뿌리채소 샐러드, 서여향병을 준비했습니다.
소화 흡수가 잘 되면서도 와인과 잘 어울릴 수 있는 견과류를 이용한 서여향병을
현대적 감각으로 승화시켜 서양의 카나페 방식으로 연출해 보세요.

1, 2 어떤 음식을 어떻게 세팅할 것인지를 머릿속에서 스케치하며 그릇부터 세팅합니다. 야채를 평평한 접시에 올린다는 편견을 버
리고 오목한 샐러드 볼에 넣어 보세요. 테이블에서 풍성한 꽃을 피운다는 느낌으로 말이죠.
3, 4 서여향병을 멋스러운 기다란 접시에 세팅했습니다. 유부는 자그마한 귀여운 접시에 1인분씩 세팅해 보세요.

PART 4

채식으로 만든
겨울 보양식

칩 샐러드

재료(2인 분량)
어린 싹 한 줌(약 20g), 감자 1/2개, 고구마 1/2개, 연근(10cm 길이), 기름 1ℓ

유자청 드레싱
간장 3큰술, 유자청 2큰술, 레몬주스 3작은술, 올리브오일 3작은술,
소금 1/3작은술

1. 어린 싹은 깨끗이 씻어 물기를 제거한다.
2. 감자, 고구마, 연근은 최대한 얇게 슬라이스하고 찬물에 여러 번
   씻어 물기를 제거한다.
3. 2를 160℃ 기름에서 빠르게 튀긴다.
4. 재료를 모두 섞어 유자청 드레싱을 만든다.
5. 1 위에 3을 올린 후 야채에만 유자청 드레싱을 뿌린다.

✿ 기름의 온도를 쉽게 알 수 있는 방법이 있다.
① 140~150℃ : 튀김옷이 바닥 끝까지 가라앉는다.
② 170~180℃ : 튀김옷이 중간까지 가라앉았다 다시 떠오른다.
③ 200℃ : 튀김옷이 기름 위에만 있다가 흩어진다.

건곤드레나물

재료(4인 분량)
건곤드레나물 100g, 채수 1컵, 국간장 1큰술, 소금 약간, 들깨가루 4큰술,
들기름 1과 1/2큰술, 청고추 1/2개, 홍고추 1/2개

채수
물 10컵, 표고버섯 3개, 무 200g, 다시마(가로 20 × 세로 20cm) 1장

1. 곤드레나물은 찬물에 깨끗이 씻고 물에 2시간 이상 불린다.
2. 1의 불린 물에 곤드레나물을 넣어 끓인다. 센불에서 끓이다가
   줄기가 부드러워지면 약불에서 15분 정도 더 삶고 찬물에서 씻
   는다.
3. 채수를 만든다.
   • 재료를 모두 넣어 끓인다.
   • 다시마는 10분 후 건지고 40분 정도 약불에서 더 끓인다.
4. 3에 채수 1컵을 넣고 국간장, 소금을 넣고 끓이다가 들깨가루
   를 넣는다.
5. 청고추와 홍고추를 다진다.
6. 4에 들기름을 넣고 볶다가 마지막에 5의 다진 고추를 넣어 볶
   는다.

✽ 건곤드레나물은 섬유질이 풍부해 변비 예방에 좋고, 다이어트
에 효과적이다.

말린 가지나물

재료(4인 분량)
말린 가지 30g, 국간장 1큰술, 소금 약간, 올리브오일 1큰술, 채수 1컵,
들깨가루 3큰술, 홍고추 1/2개, 청고추 1/2개

채수
물 10컵, 표고버섯 3개, 무 200g, 다시마(가로 20 × 세로 20cm) 1장

1. 말린 가지를 2시간 물에 불린 후 깨끗이 씻어 긴 방향으로 찢어
   7cm 정도 길이로 자른다.
2. 1에 국간장과 소금을 넣어 조물조물 무친 뒤 팬에 올리브오일을
   두른 후 볶는다.
3. 채수를 만든다.
   · 재료를 모두 넣어 끓인다.
   · 다시마는 10분 후 건지고 40분 정도 약불에서 더 끓인다.
4. 채수와 들깨가루를 2에 넣고 약불에서 은근하게 뜸들인다
5. 국물이 졸면 0.3cm 폭으로 썬 홍고추, 청고추를 살짝 볶은 후
   소금으로 간을 한다.

✽ 채수가 없다면 말린 가지를 물에 불려서 3~4번 헹구고 이때 나
오는 물을 우려낸 다음 사용해도 좋다.

시래기나물

재료(5인 분량)

불린 시래기 500g, 채수 5컵, 국간장 1과 1/2큰술, 된장 1/2작은술, 들기름 1큰술,
올리브오일 1큰술, 홍고추 1/2개, 청고추 1/2개, 소금 1/4작은술, 참기름 1/2큰술

채수

물 10컵, 표고버섯 3개, 무 200g, 다시마(가로 20 × 세로 20cm) 1장

1. 시래기나물은 뜨거운 물에 반나절 담궈 4~5번 물을 갈아 준다.

2. **1**의 시래기를 2시간 정도 삶은 후 12시간 정도 찬물에 담근다.

3. **2**를 길이 7cm 정도로 썰어 준비한다.

4. 채수를 만든다.

   • 재료를 모두 넣어 끓인다.

   • 다시마는 10분 후 건지고 40분 정도 약불에서 더 끓인다.

5. **2**에 채수 1컵, 국간장, 된장, 들기름을 넣어 양념한다.

6. 홍고추, 청고추를 0.3cm 폭으로 썬다.

7. **4**를 끓이다가 **6**의 고추를 넣고 다시 한 번 볶은 후 마지막에 소
   금으로 간을 한다.

8. 취향에 따라 참기름을 넣는다.

❋ 시래기나물은 칼슘과 나트륨 등 미네랄이 풍부해 골다공증 예방
에 좋다. 또한 빈혈 예방과 콜레스테롤 수치를 낮추는 데도 좋다.

김조림

재료(20인 분량)
김 10장, 간장 2큰술, 조청 2큰술, 청주 1큰술, 깨소금 약간

다시마 국물
물 6컵, 다시마(가로 10 × 세로 10cm) 1장, 양파 1개, 무 100g

1. 김을 살짝 구워 위생 비닐 봉지에 넣은 후 잘게 부순다.
2. 다시마 국물을 만든다.
   - 재료를 함께 넣고 끓이다가 10분 후 다시마를 건진다.
   - 약불에서 20분간 더 끓인다.
   - 면 포에 거른다.
3. 2의 다시마 국물 1컵에 간장, 조청, 청주를 넣은 후 잘 섞는다.
4. 3에 l을 넣고 약불에서 15분 끓인다.
5. 식으면 접시에 담고 깨소금을 약간 뿌린다.
6. 냉장고에서 보관한다.

✽ 김은 밀폐통에 넣어 서늘한 곳에서 보관하는 것이 좋다. 만약 냉동실에서 보관해 눅눅해졌다면 키친타월 5장 정도를 김에 싸서 전자레인지에 30~40초 정도 돌린다.
✽ 다시마 국물은 냉장고에서 5일 정도 보관하여 사용할 수 있다.

검은콩절임

재료(20인 분량)

물 2컵, 소금 1/2작은술, 설탕 1작은술, 간장 1작은술, 검은콩 50g, 오이 1/2개,
당근 1/2개, 식초 4큰술

다시마 국물

물 6컵, 다시마(가로 10 × 세로 10cm) 1장, 양파 1개, 무 100g

1. 다시마 국물을 만든다.
   - 재료를 함께 넣고 끓이다가 10분 후 다시마를 건진다.
   - 약불에서 20분간 더 끓인다.
   - 면포에 거른다.
2. 1의 다시마 국물 2컵에 물, 소금, 설탕을 넣고 끓인 후 불을 끄고
   간장을 넣는다.
3. 다 식힌 2에 검은콩을 넣고 하룻밤 불린다.
4. 3의 콩에 냄비 뚜껑을 덮고 센불에서 5분 정도 끓이다가 중불
   에서 뚜껑을 열고 끓인다. 이때 거품이 생기면 바로 걷는다.
5. 콩을 냄비에서 그대로 식힌다.
6. 오이와 당근을 콩의 크기로 썬다.
7. 볼에 5, 6을 담고 식초를 넣어 버무린다.

✽ 검은콩은 탈모 예방을 돕고 항암 효과도 있다.

무전

재료(4인 분량)
작은 무 1개, 들기름 2큰술, 밀가루 1컵, 들기름 3큰술, 소금 1작은술, 물 1/2컵,
올리브오일 5큰술

초장
고추장 2큰술, 매실청 1큰술, 식초 1작은술, 설탕 1/2큰술

1. 무는 2cm 폭으로 두툼하게 자른다.
2. 찜기에 무를 찐 후 들기름을 바른다.
3. 밀가루에 소금물을 섞은 후 2에 옷을 입힌다.
4. 팬에 들기름과 올리브오일을 두른 후 무를 노릇하게 굽는다.
5. 다 구운 무전에 초장을 함께 곁들인다.

❁ 무는 지혈, 소독, 해열에 효과적이다. 감기에 걸렸을 때 엿을 넣
어 즙을 내 먹으면 좋다.

톳나물 두부

재료(4인 분량)
두부 2/3모(약 340g), 소금 1큰술, 톳 한 줌, 생청국장 1큰술

양념
❶ 매실청 1큰술, 된장 1큰술, 참기름 1큰술, 물엿 1/2작은술, 채수 2큰술
❷ 간장 1과 1/2큰술, 청주 1/2큰술, 설탕 1작은술, 물엿 1작은술, 생강즙 1/2작은술, 올리브오일 약간, 밀가루 약간

1. 두부 1/3모는 칼의 넓적한 부분으로 으깨어 고슬고슬할 때까지 약불에서 볶는다.
2. 끓는 물에 소금을 넣고 톳을 넣은 후 초록색으로 변하면 찬물에 넣어 헹군다. 톳은 5cm 길이로 준비한다.
3. 2에 양념 ❶을 넣어 조물조물 버무린다.
4. 남은 두부 1/3모를 3cm×5cm(두께 1.5cm)로 준비한다.
5. 두부는 물기를 제거하고 밀가루를 입힌다.
6. 팬에 올리브오일을 두른 후 4를 노릇하게 굽는다.
7. 6에 양념 ❷를 넣고 약불에서 졸인다.
8. 3의 톳 위에 7의 두부를 올린다.
9. 8위에 생청국장을 올려 마무리한다.

✽ 톳나물은 칼슘과 철분이 다시마의 2배, 김의 10배, 우유의 14배가 들어 있어 뼈의 성장에 매우 좋다.

두부 미역전

재료(2인 분량)
부침용 두부 1/4모(약 130g), 불린 미역 100g, 올리브오일 약간, 밀가루 3큰술, 소금 약간, 홍고추 약간

매실 초장
고추장 1큰술, 매실액 1큰술

1. 두부는 물기를 완전히 제거한 후 베 보자기를 깔고 찐다.
2. 불린 미역을 잘게 다진 후 올리브오일을 두른 팬에 달달 볶아 식힌다.
3. 1, 2에 분량의 밀가루, 소금을 넣어 반죽한다.
4. 달군 팬에 올리브오일을 두른 후 3의 반죽을 한 순가락씩 떠 노릇하게 굽는다.
5. 홍고추를 0.5cm 폭으로 자른 후 4의 전 위에 올려 다시 한 번 굽는다.
6. 취향에 따라 매실 초장을 곁들인다.

✽ 미역에 들어 있는 칼륨 성분이 염소를 소변으로 배출시키는 역할을 하고 혈액을 맑게 해 피부 미용에 좋다.

들깨 미역국

재료(4인 분량)
마른 미역 한 줌, 들기름 1큰술, 쌀뜨물 6컵, 표고버섯 5개, 들깨가루 4큰술,
채수 5컵, 국간장 1큰술, 소금 1/2작은술

채수
물 10컵, 표고버섯 3개, 무 200g, 다시마(가로 20 × 세로 20cm) 1장

양념장
다진 청고추 1작은술, 다진 홍고추 1작은술, 참기름 1작은술, 설탕 1작은술

1. 미역은 1시간 정도 물에 불린 다음 먹기 좋은 크기로 자른다.
2. 채수를 만든다.
   - 재료를 모두 넣어 끓인다.
   - 다시마는 10분 후 건지고 40분 정도 약불에서 더 끓인다
3. 들기름을 두른 팬에 1을 달달 볶다가 쌀뜨물과 채수를 넣고 약
   불에서 한 시간 이상 끓인다.
4. 표고버섯은 먹기 좋게 자른 후 3에 넣어 끓인다.
5. 4에 들깨가루와 국간장을 넣고 한 번 더 끓인 후 소금으로 마무
   리한다.

✽ 해조류와 과일은 함께 섭취하면 좋지 않은데 그 한 예가 감과 미
역이다. 감의 타닌과 미역의 칼슘이 만나 소화 흡수를 방해하여 위
와 장이 불편할 수도 있기 때문이다.

율무 대추 죽

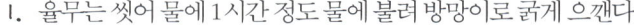

재료(2인 분량)
율무 1/3컵, 멥쌀 5큰술, 대추 8알, 소금 약간, 들기름 약간, 물 11컵

1. 율무는 씻어 물에 1시간 정도 물에 불려 방망이로 굵게 으깬다.

2. 멥쌀도 씻어 물에 30분 정도 불린다.

3. 물 5컵 분량에 대추를 넣어 끓인 후 대추가 푹 무르면 대추를 으
   깬다.

4. 냄비에 들기름을 두른 후 1의 율무와 멥쌀을 볶다가 물 6컵을
   넣고 끓인다.

5. 율무와 멥쌀이 퍼져 부드럽게 되면 그 안에 대추를 넣고 중불에
   서 어느 정도 끓인 후 약불에서 충분히 끓으면 소금 간을 한다.

✽ 율무는 숙변을 도와 변비가 해소되어 도움이 된다.

✽ 율무는 씻지 않고 깨끗한 페트병에 넣어 냉동실에서 보관하면
좋다.

우엉 죽

재료(2인 분량)
멥쌀 1/2컵, 우엉 70g, 물 6컵, 소금 약간, 대추 약간

1. 멥쌀을 깨끗이 씻어 1시간 정도 불린 후 믹서에 대충 갈아준다.
2. 우엉은 씻어서 길이 5cm 정도로 채 썬다.
3. 물 5컵에 1, 2를 넣어 충분히 끓인다.
4. 죽이 잘 퍼지면 소금으로 간을 한다.
5. 대추를 채 썰어 고명으로 올린다.

❋ 우엉은 여드름이나 아토피, 습진 등 피부 질환에 매우 좋다.
❋ 우엉은 습도를 유지하기 위해 종이에 싸서 냉장고에 보관한다.

약식

재료(4인 분량)
찹쌀 400g, 대추 20개, 잣 1큰술, 밤 10개, 건포도 3큰술

양념
간장 3큰술, 참기름 3큰술, 계핏가루 1/2작은술, 흑설탕 1과 1/2컵, 대추 우린 물 270g

대추 우린 물
대추 한 줌(10개 정도), 물 4컵

1. 찹쌀은 깨끗이 씻은 후 4시간 불린다.

2. 대추는 20개 모두 돌려 깎은 뒤 채 썬다.

3. 잣은 고깔을 제거하고, 밤은 껍질을 제거한다.

4. 1의 불린 찹쌀을 물기를 제거하고 양념과 잘 섞는다.

5. 4에 대추, 밤을 섞은 후 30분 정도 상온에 둔다.

6. 대추 우린 물을 만든다.

   • 대추를 씨만 발라낸다.

   • 대추 씨만 20분 정도 약불에서 푹 끓인다.

7. 대추 우린 물에 5를 넣은 후 전기 압력 밥솥에서 밥할 때와 동일하게 취사 버튼을 누른다.

8. 약식이 완성되면 원하는 틀에 모양을 만들고 그 위에 대추와 잣을 고명으로 올린다.

✽ 찹쌀은 태음인과 소음인의 속병 치료에 좋으며, 위장병 치료에 좋다고 알려져 있다.

팥양갱

재료(6인 분량)
팥 2컵, 설탕 80g, 소금 1/2작은술, 물 280㎖, 물엿 1큰술, 한천 가루 3큰술,
찐 밤 10개

1. 팥은 찬물에 2시간 정도 불린다(이때 팥과 물의 비율은 2:3).
2. 압력솥에 팥을 넣어 뚜껑을 덮지 않고 5분 정도 끓인 후 물은 모두 버린다.
3. 2의 팥에 물을 4컵을 넣고 압력솥 뚜껑을 덮고 삶는다.
4. 삶은 팥은 물기를 모두 뺀다.
5. 물기를 뺀 팥에 설탕 60g과 소금 1/2작은술을 넣고 잘 섞는다.
6. 냄비에 5를 넣고 물 2큰술과 설탕 5g을 넣고 약불에서 끓인다.
7. 다른 냄비에는 물 250㎖에 한천 가루 3큰술을 넣고 10분간 불린 후 약불에서 설탕 15g을 넣고 3~4분 정도 끓인다.
8. 7에 6을 넣고 섞은 후 약불에서 8분 정도 끓인 후 물엿 1큰술을 넣고 5분간 저으며 끓인다.
9. 용기에 물기를 살짝 분사한 후 밤을 넣고 앙금을 부은 후 냉장고에서 3~4시간 정도 굳힌다.
10. 굳은 양갱을 먹기 좋은 크기로 썬다.

❋ 밤 대신 호두나 잣을 사용해도 좋다.

팥설기

재료(4인 분량)
삶은 팥 1컵, 쌀가루 2컵, 끓는 물 4큰술, 소금 1작은술, 설탕 1/2큰술

1. 팥은 찬물에 2시간 정도 불린다(이때 팥과 물의 비율은 2:3).
2. 압력솥에 팥을 넣어 뚜껑을 덮지 않고 5분 정도 끓인 후 물은 모두 버린다.
3. 2의 팥에 물을 4컵을 넣고 뚜껑을 덮고 삶는다.
4. 삶은 팥은 물기를 모두 뺀다.
5. 쌀가루를 체에 2~3번 내린 후 끓는 물을 골고루 넣어 비빈다.
6. 5에 소금, 설탕을 넣고 섞은 후 2의 팥을 섞는다.
7. 면포를 깔고 찜기에 6을 올려 20분간 찐 후 약불에서 5분 정도 뜸을 들인다.

✽ 팥은 부종 제거, 피로 해소에 좋지만 많이 먹으면 체력 저하와 속 쓰림이 오니 조심해야 한다.

계피 곶감차

재료(2인 분량)
계피 40g, 진피 1개, 곶감 3개, 물 4컵, 꿀 약간

1. 계피와 진피는 깨끗이 씻는다.
2. 곶감은 칼집을 세 번 정도 내고 1과 함께 센불에 넣어 끓인다.
3. 끓기 시작하면 약불에서 30분 정도 끓인 후 꿀을 넣는다.

✽ 진한 맛을 원하면 생강 30g 정도를 함께 넣어 끓인다.

겨울 테이블 세팅

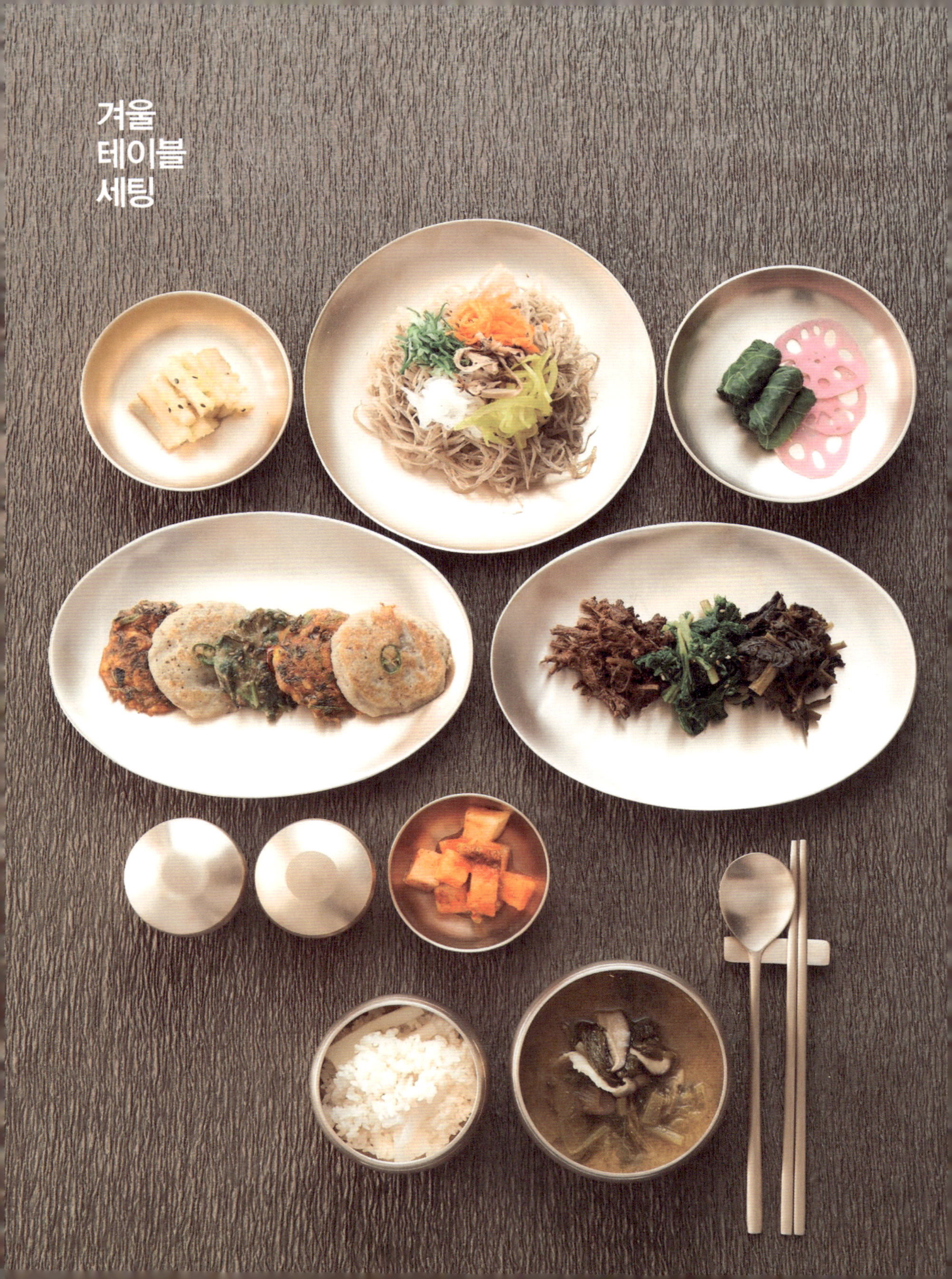

유기를 이용하여 부모님 진짓상을 준비하였습니다.
모던하면서도 소박한 질감이 살아 있는 정갈한 테이블을 원하시는 분들은 유기상을 추천합니다.
전통적인 느낌이 물씬 풍겨 어르신들에게 칭찬받는 상차림이 되리라 확신합니다.

1 부모님 진짓상의 메인은 우엉잡채입니다. 맛도 좋고, 건강에도 좋아 어르신들이 참 좋아하는 음식입니다.
2 나물이나 부침개를 상에 차릴 때 색의 조화를 생각해 세팅하면 부모님도 감동하시겠죠?

계절별
4주 해독 식단

봄

	월요일	화요일	수요일	목요일	금요일	토요일	일요일
아침	현미 잡곡밥 냉이 된장국 머위나물 두부 부침 무생채 무침 버섯 볶음	콩 잡곡밥 두부 된장국 참나물 무침 노각 볶음 두부 샐러드 (깨 소스)	오곡밥(찹쌀, 팥, 콩, 조, 수수) 두붓국 아주까리나물 씀바귀나물 손두부 김치	잡곡밥 들깨 시래기 된장국 취나물 겉절이 두부 간장 조림 김치	보리밥 김치 콩나물국 김구이(양념장) 견과류 간장 조림 우묵 오이 무침 김치	영양밥 버섯 호박국 취나물 무침 부지깽이 무침 김치	검은콩밥 된장찌개 채식 마파 두부 느타리버섯 볶음 야채 샐러드 (깨 소스)
점심	콩나물밥(양념장) 뭇국 두부장아찌 유채 나물 김치	두부 샐러드 치아 씨드 아몬드 쿠키 두유	미나리 비빔밥 (양념장) 미나리 지짐 도토리 야채 무침 오이소박이	두부 샐러드 (유자청 드레싱) 호밀빵 견과류 두유	봄나물 비빔밥 두부 된장찌개 야채 튀김(양념장) 물김치	김치 볶음밥 된장찌개 오이지 무침 된장 냉이 무침 두부 샐러드 (깨 소스)	통밀빵 잎 야채 샐러드 두유
간식	견과류 볶음 오렌지 효소 에이드	견과류 볶음 사과	딸기 두유	감 견과류	호박 지짐 사과 효소 에이드	매화전	딸기
저녁	현미 찹쌀밥 잎 야채 샐러드 (깨 소스) 시금치나물 도토리묵 조림 깍두기	기장밥 버섯찌개 들깨 취나물 무침 매운 두부 조림 백김치	백김치 볶음밥 콩나물국 간장 두부 조림 동치미	감자밥 (양념장) 두부 샐러드 (유자청 드레싱) 무생채 호박 볶음	두부 김치죽 매실장아찌 두부전	현미밥 감자 두붓국 곰취나물 콩나물 무침 무생채 무침 매운 두부 조림 고추 콩가루 범벅	수수밥 순두부찌개 버섯전 깻잎 찜 콩나물 연겨자 무침 무생채 유채나물

여름

	월요일	화요일	수요일	목요일	금요일	토요일	일요일
아침	흑미밥 맑은 콩나물국 배추 겉절이 미나리 무침 감자 볶음 김구이(양념장) 두부 간장 조림 오이소박이	콩 잡곡밥 두부 콩나물 된장국 참나물 오이 무침 팽이버섯 볶음 브로콜리 샐러드 (깨 소스)	흑미밥 맑은 무 버섯국 가지나물 무침 김구이(양념장) 두부 간장 조림 오이소박이	보리밥 김치 두붓국 김구이(양념장) 팽이버섯 절임 두부장아찌 오이 초무침 김치	잡곡밥 두부 콩나물 된장국 참나물 오이 초무침 도토리 무침 브로콜리 샐러드 (깨 소스)	보리밥 김치 두붓국 오이 초무침 상추 겉절이 곤약 조림 고추장아찌 김치	영양밥 김치 콩나물국 취나물 초무침 연근 조림 김치 두부 간장 조림
점심	나물 비빔밥 들깨 순두부찌개 야채전(양념장) 물김치	도토리 묵사발 감자전(양념장)	김치 비빔밥 콩나물국 상추 겉절이 곤약 조림 고추장아찌	감자밥(양념장) 비빔 곤약 두부 샐러드 (깨 소스) 김치	가지나물 비빔밥 들깨 순두부찌개 곤약 구이(간장 소스) 물김치	야채 카레밥 두부 구이(양념장) 물김치	콩 잡곡밥 냉미역국 참나물 오이 초무침 팽이버섯 볶음 브로콜리 두부 샐러드(깨 소스)
간식	연화차	수박	연화차 견과류 볶음	포도	토마토 샐러드 (발사믹 소스)	멜론 견과류	옥수수 수박
저녁	현미 찹쌀밥 두부 야채 샐러드 (깨 소스) 구운 가지 조림 도토리묵 조림 깍두기	현미 잡곡밥 배추 된장국 고춧잎나물 두부 부침 무생채 무침 버섯 볶음	검은깨 죽 우엉 조림 손두부 구이 양념장	현미 잡곡밥 배추 된장국 김구이(양념장) 두부 부침 무생채 무침 버섯 볶음	서여 죽 김치 미나리 유부 구이	현미 잡곡밥 오이냉국 미역초 무침 두부 부침(양념장) 버섯 볶음 양념 김	통밀빵 견과류 두유 토마토

가을

	월요일	화요일	수요일	목요일	금요일	토요일	일요일
아침	잡곡밥 들깨 시래기 된장국 취나물 뿌리채소 샐러드 (배 더덕 소스) 두부 간장 조림 김치	검은콩밥 들깨 순두부찌개 버섯 샐러드(잣 소스) 기장 요리 (매실 간장 소스) 고추장 더덕 구이 김치	잡곡밥 들깨 시래기 된장국 취나물 겉절이 서여향병 콩나물 무침 김치	서리태 잡곡밥 두부 콩나물국 참나물 무침 무채 콩나물 무침 가지나물 김치	흑미밥 순두부찌개 가지나물 무침 김구이(양념장) 두부 간장 조림 김치 더덕 잣 무침	죽순밥 양념장 죽순채 볶음 시금치나물 배추 겉절이 유부 야채 볶음	흑미밥 버섯 된장찌개 더덕 고추장 무침 김구이(양념장) 두부 간장조림 오이소박이
점심	콩 잡곡밥 두부 미역국 오이 초무침 팽이버섯 볶음 브로콜리 샐러드 (깨 소스) 가지나물, 김치	오븐에 구운 두부 레몬 효소 주스 통밀 빵	오곡빵 버섯 샐러드 (잣 소스) 마 주스	김치 잔치 국수 콩전 콩나물 무침 두부전	현미 잡곡밥 송이 된장국 아주까리나물 두부 부침 무생채 무침 표고버섯 볶음	김치 비빔국수 두부 된장국 더덕 잣 무침 콩전	잡곡밥 콩비지찌개 김구이(양념장) 콩전 시금치나물 김치
간식	콩전	대추초 오미자차	밤초 유자차	고구마 두유	자두	대추초 생강차	찐밤 고구마
저녁	흑미밥 송이 버섯국 고추찜 김구이(양념장) 두부 간장 조림 오이소박이	현미 잡곡밥 두부탕 김구이(양념장) 두부 부침 무생채 무침 알감자 조림	버섯전골 통밀 국수(맛간장) 연거자 콩나물 무침 취나물 무침 김치	현미 잡곡밥 콩비지찌개 김구이(양념장) 두부 부침 무생채 무침 취나물 겉절이 김치	뿌리채소 샐러드 (배 더덕 소스) 유자차	영양밥 김치 콩나물국 고추장아찌 가지나물 두부 간장조림 김치	현미밥 두부탕 더덕장아찌 고사리 무침 고구마순 볶음 무나물 김치

겨울

	월요일	화요일	수요일	목요일	금요일	토요일	일요일
아침	현미밥 들깨 미역국 건곤드레나물 들깨 시래기나물 오이 초무침 김치	서리태밥 순두부국 김조림 톳나물 두부 들깨 시래기나물 콩나물 무침 김치	영양밥 두부 된장찌개 더덕 잣 무침 김구이(양념장) 매운 두부 조림 미나리 무침 백김치	찰보리밥 김치 두부국 김구이(양념장) 감자 볶음 두부 장아찌 도라지 오이초 무침 김치	서리태 잡곡밥 콩나물국 우엉 조림 무채 콩나물 무침 건가지나물 김치	들깨 건가지나물 덮밥 매운 순두부찌개 시금치 나물 톳나물 두부 백김치	죽순밥(양념장) 두부탕 죽순 야채 볶음 시금치나물 더덕장아찌 가지 양순이 샐러드 (발사믹 소스)
점심	유부 국수 삼색전 더덕장아찌 김치	현미 잡곡밥 콩비지찌개 김구이(양념장) 다시마 튀각 무전(매실 초장) 취나물 무침 김치	흑미밥 김치 콩나물국 취나물 무침 말린 가지나물 김구이(양념장) 두부 간장 조림 김치	두부 국수 무전 매실 초고추장 두부 간장 조림 오이 소박이	고구마밥 표고버섯 뭇국 건곤드레나물 연근 조림 숙주나물 김치	마파 두부 덮밥 미역국 매운 감자 볶음 미나리 초무침 김치	두부 국수(양념장) 서여향병 콩나물 무침 김치
간식	감자칩 고구마칩 곶감차	약식 계피 곶감차	팥 양갱 레몬 효소 주스	두부 미역전	견과류 볶음 두유	사과	칩 샐러드 사과 효소 에이드
저녁	팥설기 유자차	들깨 시래기나물 덮밥 미역국 시금치나물 김치	율무 대추죽 물김치 톳나물 두부	우엉죽 김치 콩나물국 검은콩 절임	현미죽 두부 된장국 시래기나물 매실장아찌	잣죽 물김치 고추장아찌	단호박죽 물김치

Special thanks to

더 세라믹 임희영 작가 010-9926-5979

문도방(설거지 하고 싶은 그릇) 문병식 작가 070-4206-7955

봄을 담은 작업실 이은범 작가 010-9755-3522

소노 세라믹스 손민영 작가 031-637-0816

소리도예 이정용 작가 010-9433-2363

스튜디오 설우 문지영 작가 010-2749-2563

이창화 공방 이창화 작가 010-9261-9327

화소반 김화중 작가 031-712-0679